MÉMOIRE

SUR

LES ROCHES ÉRUPTIVES

ET

LES FILONS MÉTALLIFÈRES

DU DISTRICT DE SCHEMNITZ (HONGRIE)

PAR

MM. R. ZEILLER ET A. HENRY,
INGÉNIEURS DES MINES.

SUIVI D'UNE NOTICE

SUR

L'ÉCOLE DES MINES DE SCHEMNITZ (HONGRIE)

PARIS
DUNOD, ÉDITEUR,
LIBRAIRE DES CORPS DES PONTS ET CHAUSSÉES ET DES MINES,
Quai des Augustins, n° 49.

1873

MÉMOIRE

SUR

LES ROCHES ÉRUPTIVES

ET

LES FILONS MÉTALLIFÈRES

DU DISTRICT DE SCHEMNITZ (HONGRIE)

Paris. — Imprimerie Arnous de Rivière et Cᵉ, rue Racine, 26.

MÉMOIRE

SUR

LES ROCHES ÉRUPTIVES

ET

LES FILONS MÉTALLIFÈRES

DU DISTRICT DE SCHEMNITZ (HONGRIE)

PAR

MM. R. ZEILLER ET A. HENRY,

INGÉNIEURS DES MINES.

PARIS

DUNOD, ÉDITEUR,

LIBRAIRE DES CORPS DES PONTS ET CHAUSSÉES ET DES MINES,

Quai des Augustins, n° 49.

1873

MÉMOIRE

SUR

LES ROCHES ÉRUPTIVES

ET

LES FILONS MÉTALLIFÈRES

DU DISTRICT DE SCHEMNITZ (HONGRIE)

La guerre de 1870 nous ayant empêchés d'exécuter comme élèves-ingénieurs notre dernier voyage de mission, nous avons été chargés, en 1872, par M. le Ministre des travaux publics, d'un nouveau voyage d'instruction en Autriche et en Hongrie. L'un de nous a déjà rendu compte dans les *Annales* des études que nous avons faites à Przibram sur les ateliers de préparation mécanique (*). Après avoir visité Przibram, nous avons consacré tout le reste du temps dont nous pouvions disposer au district de Schemnitz, si intéressant au point de vue géologique, comme au point de vue de l'histoire du travail des mines. Nous y avons visité en détail toutes les exploitations et parcouru presque tous les chantiers en activité, ainsi qu'une bonne partie des anciens travaux. L'excellente carte géologique de M. le Bergrath V. Lipold (**) nous a été du plus grand secours pour nous guider dans nos courses, ainsi que son mémoire et celui de M. F. v. Andrian (***). Nous avons rapporté

(*) V. *Annales des mines*, 1872, 5e liv., p. 271.

(**) La carte Pl. VI n'est qu'une réduction, un peu modifiée, de celle de M. V. Lipold.

(***) Nous avons également consulté avec fruit les ouvrages suivants : Beudant, *Voyage minéralogique et géologique en Hongrie*, Paris, 1822. — Rivot et Duchanoy, *Voyage en Hongrie*. (*Annales*

une collection à peu près complète des remplissages des différents filons et des roches éruptives du district ; cette collection est maintenant déposée à l'École des mines.

Nous devons adresser ici tous nos remerciements à M. le Bergrath Ronay et à M. le Bergrath Schöber, qui nous ont accueillis avec une extrême obligeance, et nous ont puissamment facilité la visite des mines royales, placées sous leur direction. M. Wiesner, directeur des mines particulières, nous a fait également l'accueil le plus aimable et a bien voulu nous diriger lui-même dans une partie de nos courses. Exprimons aussi notre reconnaissance à M. le Bergrath Kachelmann, chargé de la direction des usines royales, qui nous a fait visiter ces usines et nous a fourni tous les renseignements désirables avec une complaisance sans bornes. Enfin, nous tenons à remercier MM. les Schichtenmeister, qui nous ont conduits dans leurs mines et nous ont toujours donné avec le plus grand empressement toutes les explications dont nous avions besoin. C'est grâce à un concours aussi bienveillant que nous avons pu étudier avec quelque détail les mines du district de Schemnitz et réunir les données nécessaires pour le travail qui va suivre.

Ce travail sera divisé en trois parties : dans la première, nous étudierons la constitution du district de Schemnitz tant au point de vue orographique qu'au point de vue géologique ; la seconde partie sera consacrée à la description détaillée des différents gîtes minéraux ; enfin, dans la troisième partie, nous donnerons un aperçu de l'histoire des mines de Schemnitz et une description sommaire des travaux d'exploitation et du traitement mécanique et métallurgique des minerais.

---

des mines, 1853.) — F. Freiherr v. Richthofen, *Studien aus den ungarisch-siebenbürgischen Trachytgebirgen.* (Jahrb. der k. k. geol. Reichsanstalt, 1860) — Et divers mémoires de MM. v. Pettko et G. Faller.

PREMIÈRE PARTIE.

Description géographique.

L'important district minier de Schemnitz est situé dans le nord de la Hongrie : il s'étend sur les dernières ramifications des Karpathes dans les comitats de Honth et de Bars, au sud-ouest du massif du Tatra. On y rencontre un grand nombre de filons métallifères, renfermant des minerais d'argent et de plomb, accompagnés de pyrite cuivreuse, de blende et de minerais aurifères. Ces filons forment deux groupes distincts, l'un dans la roche trachytique appelée grünstein, l'autre dans la syénite et les schistes anciens. Les principaux centres d'exploitation sont Schemnitz et Windschacht pour le premier groupe, Hodritsch et Eisenbach pour le second. Tout le pays aux environs est très-accidenté ; les montagnes ont généralement des pentes roides et les vallées qui s'ouvrent entre elles sont étroites et profondes.

La ville de Schemnitz (*Selmecz-Banya*), chef-lieu du district et siége de l'administration des mines, est bâtie au fond d'un cirque de montagnes, dans un vallon si resserré qu'une ou deux files de maisons à peine ont pu trouver place sur les bords de la route qui en suit le fond ; les autres ont dû s'échelonner en arrière sur les flancs des montagnes, et cette disposition donne à la ville un aspect des plus pittoresques. Au-dessus de Schemnitz (*), du côté du nord-ouest, s'élève la masse arrondie du Paradeisberg (939 mètres), dont les pentes sont en partie couvertes de bois de sapins et dont le sommet gazonné constitue un excellent point de vue sur tous les environs. Cette montagne forme en quelque sorte le nœud du système orographique de la contrée. C'est, en

(*) V. la carte, Pl. VI.

effet, le point culminant d'un chaînon assez élevé qui sépare, sur une partie de son parcours, le bassin de la Gran de celui de l'Eipel, et c'est de ses flancs que partent les trois vallées principales des environs de Schemnitz, savoir la vallée de Schemnitz ou d'Antal, la vallée d'Hodritsch et la vallée d'Eisenbach. Les autres parois du cirque, à droite et à gauche de la ville, sont formées par deux contre-forts avancés qui se détachent de la masse du Paradeisberg : celui du nord-est, qu'on appelle le Glanzenberg, très-escarpé de tous côtés, portait autrefois sur son sommet la vieille ville de Schemnitz, fondée en 745, dont il ne reste plus aucun vestige. Celui du sud-ouest, beaucoup moins élevé que le Glanzenberg, est presque entièrement couvert d'habitations; il est couronné par un vieil édifice carré flanqué de quatre tourelles, qui sert aujourd'hui de beffroi.

Pour examiner la configuration du pays, supposons-nous placés au sommet du Paradeisberg : nous voyons alors le chaînon dont nous occupons le point culminant se prolonger au nord-est et au sud-ouest suivant la direction N. 40° (*) ; il est composé dans notre voisinage d'une série de sommets gazonnés présentant, comme celui du Paradeisberg, la forme en dôme qu'affecte généralement le grünstein. A 15 ou 16 kilomètres au nord, il est coupé par la Gran, qui court là vers l'ouest-nord-ouest, pour se replier vers le sud-ouest à Heiligenkreuz ; du côté du sud, il va en s'abaissant peu à peu jusqu'au bord de la plaine où coule le Danube.

Si nous reportons nos regards sur Schemnitz, à 350 mètres au-dessous de nous, nous voyons le ruisseau qui coule au fond du vallon se réunir en sortant de la ville à deux petits affluents dont il était séparé jusque-là par les deux contre-forts dont nous avons parlé. Au-dessus de ce

(*) Les directions sont toujours comptées à partir du nord vrai, dans le sens du mouvement des aiguilles d'une montre, de 0° à 360°.

confluent, sur la rive gauche et à quelque distance du ruisseau, nous apercevons un cône aigu, de forme régulière, se dressant au milieu des pentes gazonnées qui bordent le Schemnitzer Bach; c'est le piton basaltique du Calvarienberg (733 mètres). Il est presque entièrement couvert d'arbres, et sur le rocher nu qui en constitue le sommet, s'élève une chapelle à clochetons dorés qui forme la dernière station d'un chemin de croix très-vénéré dans le pays, et qui est chaque année le but de deux grands pèlerinages auxquels on se rend de plus de trente lieues à la ronde.

En face du Calvarienberg, sur la rive droite du Schemnitzer Bach, s'élève une grosse montagne ronde, le Dreifaltigkeit Berg, qui se rattache au chaînon du Paradeisberg par un col assez bas. Ce col sépare Schemnitz d'un autre centre d'exploitation, celui de Windschacht et de Siglisberg, dont les travaux portent sur la partie méridionale des filons. A côté de Siglisberg, nous apercevons deux grands étangs artificiels, les Windschachter Teiche, dont l'eau sert à faire mouvoir les machines d'extraction et d'épuisement, les bocards, etc. De ces étangs sort un ruisseau qui court vers l'est et vient se jeter dans le Schemnitzer Bach au-dessous du Dreifaltigkeit Berg : ce ruisseau passe au pied des énormes haldes de Windschacht et traverse encore, avant d'arriver à la vallée d'Antal, le hameau de Steplitzhof où se trouvent quelques puits d'extraction et l'usine à plomb et à argent traitant les minerais riches des mines de l'État. A son confluent avec le Schemnitzer Bach s'élève une autre usine où l'on fond les minerais plus pauvres.

Sur la rive gauche du Steplitzhofer Bach se montre une ligne de collines assez basses, formées en grande partie de trachyte et de tufs trachytiques, de l'autre côté de laquelle coule un petit cours d'eau, l'Illiaer Bach. Au sud, sur la rive gauche de ce ruisseau, derrière le village d'Illia, nous voyons se dresser une masse puissante, entièrement couverte de belles forêts de sapins et couronnée par une ligne d'aiguilles et d'escarpements de l'aspect le plus pittoresque : c'est le Szittna, la plus haute montagne des environs de Schemnitz (1010 mètres), constituée par un trachyte particulier ; l'ascension en est fort intéressante, et l'on jouit de son sommet d'un panorama magnifique. Elle appartient à un court chaînon dirigé N. 135°, qui se détache près de Siglisberg, au-dessus des étangs de Windschacht, du chaînon principal dont nous occupons le point culminant ; à l'intersection de ces deux chaînons se trouve un col peu élevé, de l'autre côté duquel est placé encore un grand étang artificiel, le Reichauer Teich, source d'un ruisseau assez important. Le ruisseau d'Illia, après avoir contourné le pied du Szittna et reçu les petits affluents qui en descendent, va se jeter au-dessous du village de Sz. Antal dans le Schemnitzer Bach. Celui-ci, qui courait d'abord N. 135°, s'est infléchi brusquement au-dessus d'Antal pour prendre la direction nord-sud d'un petit affluent qu'il reçoit sur sa rive gauche. Depuis le Calvarienberg, il continue à être bordé de ce côté par une série de sommets trachytiques peu élevés, au pied desquels il poursuit sa course vers le sud pendant assez longtemps, pour aller enfin, après quelques inflexions successives vers l'est et vers l'ouest, se jeter dans l'Eipel, à une cinquantaine de kilomètres de sa source.

Si maintenant nous nous retournons vers le nord-ouest, nous voyons à nos pieds un profond entonnoir, dont les pentes rapides ne nous montrent que la verdure sombre des sapins ; c'est de cet entonnoir que part la vallée d'Hodritsch, suivant la direction N. 245°, faisant, on le voit, avec l'axe du chaînon principal un angle de 25°. Elle s'en écarte, par conséquent, de plus en plus, à mesure qu'elle s'éloigne de nous, et les affluents que l'Hodritscher Bach reçoit sur sa rive gauche sont de plus en plus importants, les vallées où ils coulent de plus en plus larges. A la naissance de la plus éloignée de nous, le Kohutower Thal, se trouve un petit groupe de maisons : c'est le hameau de Moderstollen, siége d'une exploitation minière assez productive qui porte sur deux filons particuliers, les Moderstollner Gänge.

Jusqu'à sa rencontre avec le Kohutower Thal, la vallée d'Hodritsch est excessivement profonde et encaissée; les montagnes qui bordent sa rive droite, en grande partie formées par la syénite, nous offrent des sommets aigus, des pentes roides, coupées seulement de distance en distance par d'étroits ravins; la forêt de sapins qui commence à nos pieds s'étend presque à perte de vue et, même dans le fond de la vallée, nous n'apercevons pas un coin de terre cultivé. Le village d'Hodritsch, resserré entre les flancs escarpés des montagnes, s'étend sur une grande longueur au bord du ruisseau : pendant plus de quatre kilomètres, c'est une succession presque ininterrompue de maisons, de puits, de bocards, d'ateliers de préparation mécanique. A l'embouchure du ruisseau qui descend de Moderstollen, la vallée change de direction pour courir à peu près vers l'ouest-nord-ouest et à partir de là elle va en s'élargissant peu à peu jusqu'au village d'Unter-Hammer et jusqu'à la Gran. La nature géologique de ses rives change, d'ailleurs, dans cette dernière partie de son cours, les syénites faisant place aux schistes anciens, puis aux roches trachytiques. En même temps que la vallée s'élargit, les montagnes qui la bordaient vont en s'abaissant, et nous ne voyons plus sur sa rive gauche, la séparant du Reichauer Thal, qu'un petit chaînon peu élevé qui s'embranche à Moderstollen sur celui du Paradeisberg.

Si nous franchissons de l'œil les sommets qui s'élèvent sur la rive droite de l'Hodritscher Bach, nous retrouvons une nouvelle vallée aussi boisée, aussi profonde, aussi étroite que celle que nous quittons. C'est la vallée d'Eisenbach : elle prend également naissance à nos pieds sur le versant septentrional du Paradeisberg. Le ruisseau qui l'arrose court un instant vers le nord et va s'arrêter à quelques pas de nous dans un long étang créé par la main de l'homme, le Rossgrunder Teich ; à sa sortie, il fait un coude vers le nord-ouest pour prendre la direction N. 300° qu'il conservera pendant tout le reste de son cours jusqu'à son embouchure dans la Gran. Comme dans la vallée d'Hodritsch, les habitations, les ateliers, les bâtiments d'extraction s'échelonnent tout le long du ruisseau, jusqu'à ce que les montagnes s'écartent assez pour permettre aux maisons de se réunir en groupes plus serrés. Nous trouvons alors, à 7 ou 8 kilomètres du Paradeisberg, le village d'Eisenbach (*Vichnye*) dont la source ferrugineuse chaude attire chaque été un assez grand nombre de baigneurs. Au point de vue géologique, la vallée d'Eisenbach présente un grand intérêt : outre le massif syénitique qui s'élève sur sa rive gauche, on y rencontre des granites et des gneiss, des roches sédimentaires anciennes, schistes et quartzites, des calcaires, et au-dessous d'Eisenbach des rhyolithes et des roches trachytiques. Plusieurs filons métallifères, dont quelques-uns semblent n'être que le prolongement de ceux d'Hodritsch, donnent lieu à une exploitation importante.

A la naissance du massif qui sépare les deux vallées d'Hodritsch et d'Eisenbach, le chaînon du Paradeisberg est creusé d'un col assez profond, que nous apercevons à nos pieds en nous tournant vers le nord-est. C'est le col de Rottenbrunn (796 mètres), où la route qui monte de Schemnitz en contournant le Glanzenberg se bifurque pour conduire à Hodritsch et à Eisenbach. De l'autre côté du col s'élève une tête arrondie, sur le flanc de laquelle se dresse une ligne de rochers de quartzite presque à pic. Au pied de cette montagne, qu'on appelle le Heckelstein, est creusé un vallon, le Georgstollner Thal, dirigé N. 115°, dont les eaux descendent au village de Dillen.

Ce village, dont nous apercevons les maisons groupées au pied d'une petite église assez pittoresque, est placé sur le versant nord du chaînon qui borde la rive gauche du Schemnitzer Bach, au-dessous du col qui sépare le Heckelstein du Calvarienberg. Dillen possède deux ou trois filons qui ont été autrefois le siége d'une exploitation importante, mais qui sont presque abandonnés aujourd'hui ; le prolongement nord des principaux filons de Schemnitz donne également lieu, sur les flancs du Georgstollner Thal, à quelques travaux peu actifs. Des bocards s'échelonnent le long du ruisseau, en aval comme en amont du village, et au-dessous des dernières maisons s'élève une usine qui traite les minerais des mines particulières. Derrière cette usine s'ouvre une petite vallée où se trouvent les villages de Giesshübel et de Kohlbach ; au point où elle rejoint la vallée de Dillen, celle-ci change brusquement de direction pour courir au nord. Un peu plus loin, elle s'infléchit vers le nord-est et reprend au village de Kozelnik son cours vers le nord pour aller se jeter dans la vallée de la Gran à côté du village de Garam-Berzencze. C'est de ce village, station du chemin de fer de Pesth à Ruttka, que doit partir l'embranchement qui, remontant la vallée de Dillen, viendra mettre Schemnitz en communication avec le réseau hongrois. La vallée de Dillen est creusée sur presque toute sa longueur dans les trachytes ou les tufs trachytiques. Elle est moins profonde et moins encaissée que celles d'Eisenbach et d'Hodritsch, dont elle diffère aussi beaucoup comme végétation : une partie est livrée à la culture et les forêts qui couvrent ses flancs sont composées, non plus de sapins, mais de chênes et de hêtres mélangés.

Nous ne ferons que mentionner le massif qui s'étend de la rive gauche du Dillner Thal jusqu'à la vallée d'Eisenbach et que limite au nord le cours de la Gran. Il est coupé par différentes vallées, dont la plus importante est celle de Glashütte : elle part du pied du Schobob Berg, dont le sommet s'élève devant nous au-dessus du Rossgrunder Teich et nous masque presque tout le terrain qui s'étend entre la Gran et lui. La vallée de Glashütte court d'abord à l'ouest, puis elle remonte vers le nord en décrivant une demi-circonférence et elle va aboutir à la vallée de la Gran un peu au-dessus du village de Hlinik; près de ce village se trouvent de grandes carrières de porphyre molaire qui fournissent des meules à une partie de la Hongrie. Les flancs de cette vallée, comme tout le massif qui s'étend devant nous, sont richement boisés, partie en hêtres et chênes, partie en sapins. On y rencontre un grand nombre de formations différentes et particulièrement les grünsteins, les trachytes et tufs trachytiques et les rhyolithes.

Au delà, du côté du nord, nous apercevons la dépression formée par la vallée de la Gran et sur sa rive droite de nouvelles rangées de montagnes. Sur les premières, en face de nous, nous distinguons la ville de Kremnitz, disposée en amphithéâtre au fond d'une courte vallée, plus loin sur la gauche le massif du Klak (1.340 mètres) couvert de forêts, et à droite, fermant l'horizon, la haute chaîne granitique du Tatra, dont le sommet principal, le Krivan Vrh, atteint près de 2.500 mètres. Du côté du sud, au contraire, les montagnes vont en s'abaissant rapidement et nous entrevoyons, perdue dans la brume, le commencement de l'immense plaine de Hongrie.

Description géologique des terrains.

Le pays que nous venons de parcourir de l'œil présente, comme on a pu le remarquer, une grande variété au point de vue de la constitution géologique. Après les granites, les gneiss et les syénites des vallées d'Eisenbach et d'Hodritsch, qui paraissent être les formations les plus anciennes, nous trouvons des schistes et des quartzites appartenant à une époque qu'il est difficile de déterminer exactement, suivis de roches triasiques, schistes rouges et calcaires, et enfin un lambeau de conglomérat nummulitique. Ensuite viennent les roches éruptives : les grünsteins, les trachytes, les tufs trachytiques intercalés au milieu des dépôts miocènes, les rhyolithes et les basaltes. Passons maintenant à l'étude de ces différentes formations.

SYÉNITES, GRANITES ET GNEISS. — Les syénites, les granites et les gneiss ne se montrent aux environs de Schemnitz que dans les vallées d'Hodritsch et d'Eisenbach et dans le massif qui les sépare.

Syénites. — Les syénites sont de beaucoup les plus développées ; elles forment une bande à peu près régulière qui se dirige du sud-ouest au nord-est et s'étend sur une longueur d'un peu plus de 7 kilomètres avec une largeur moyenne d'environ 2 kilomètres. L'extrémité sud de cette bande est coupée par la vallée d'Hodritsch, dont les deux rives entre Hodritsch et Unter-Hammer sont constituées par la syénite ; mais sur la rive gauche cette roche disparaît à une faible distance de l'Hodritscher Bach, pour faire place aux schistes anciens. Sur la rive droite, au contraire, elle s'élève jusqu'au sommet de la montagne et s'étend de là jusqu'à Schüttersberg dans la vallée d'Eisenbach, où elle s'arrête pour ne plus reparaître. Vers son milieu, la bande syénitique est légèrement étranglée par les schistes qui, de la rive gauche de la vallée d'Eisenbach, s'avancent par-dessus le Schwarzer Berg presque jusqu'au-dessus du village d'Hodritsch. Entre Hodritsch et Schüttersberg, la syénite forme la crête du chaînon qui sépare les deux vallées ; elle constitue à elle seule le sommet du Rumplocka Vrh, point le plus élevé de ce chaînon. Sur le versant sud du Rumplocka Vrh, elle est recouverte en partie par les quartzites et les grünsteins ; dans toute la partie supérieure de la vallée d'Hodritsch, on ne trouve que cette dernière roche au bord de la route et du ruisseau ; mais souterrainement la syénite s'étend beaucoup plus loin : ainsi le Zipser Schacht, qui se trouve à 2 kilomètres en amont d'Hodritsch, presque au pied du Paradeisberg, a été ouvert dans le grünstein et a rencontré la syénite en profondeur.

Dans la vallée d'Eisenbach, les travaux souterrains ont donné lieu à de nombreuses observations du même genre.

En dehors de la bande dont nous venons de parler, la syénite se montre encore en petites masses isolées sur trois points, savoir : sur la rive droite et à la tête du Rossgrunder Teich, au fond d'un vallon, le Rudna Thal, tributaire de la vallée d'Eisenbach, et un peu au-dessus de l'Oberer Hodritscher Teich sur le flanc nord du Paradeisberg.

Il y a lieu de distinguer, dans le grand massif syénitique qui s'étend d'Unter-Hammer à Schüttersberg, deux variétés différentes, la syénite à gros grain et la syénite à grain fin. La première constitue la majeure partie de ce massif; on la rencontre seule dans la vallée d'Hodritsch. La seconde apparaît sur le versant nord du Rumplocka Vrh et se montre seule dans la vallée d'Eisenbach, en dehors de laquelle on ne la retrouve nulle part, si ce n'est au bord du Rossgrunder Teich. Elles sont l'une et l'autre très-constantes dans leur composition et leur aspect.

Syénite à gros grain. — La syénite à gros grain est formée d'un mélange d'orthose, de feldspath strié et d'amphibole en cristaux plus ou moins nets; ce sont les feldspaths qui dominent. L'orthose apparaît en lamelles clivées, translucides, légèrement rosées; l'autre feldspath en lamelles d'un blanc verdâtre un peu cireux, quelquefois presque vertes, sur lesquelles on aperçoit fréquemment des facettes de 3 ou 4 millimètres de longueur sur 1 à 2 millimètres de largeur, brillant d'un éclat nacré et présentant généralement de la façon la plus nette les stries des feldspaths du sixième système. Ce feldspath a longtemps été considéré comme de l'oligoclase, mais il paraît certain que c'est du labrador : nous avons reconnu qu'il s'attaque assez facilement par l'acide chlorhydrique et, d'ailleurs, les analyses faites à l'Institut géologique de Vienne (*) mon-

(*) V. plus loin, p. 219 et 220.

trent bien que ce ne peut être de l'oligoclase. L'orthose et le labrador sont en mélange intime, complétement enchevêtrés l'un dans l'autre; tantôt ils paraissent entrer en proportions à peu près égales, tantôt le labrador domine et la roche prend un ton plus vert et plus mat. L'amphibole, de la variété hornblende, est disséminée dans la masse en cristaux prismatiques de dimensions variables : la plupart ont de 2 à 5 millimètres de longueur sur 0,5 à 1,5 millimètres d'épaisseur. Quelques-uns atteignent une longueur de 1 à 1,5 centimètres et une épaisseur de 4 à 5 millimètres. Ils sont solidement enchâssés dans la pâte et il est impossible de les en détacher; aussi la cassure de la roche n'offre-t-elle jamais les faces naturelles des cristaux, mais seulement des prismes clivés suivant leur longueur et brillant d'un vif éclat. On rencontre en outre dans la syénite à gros grain du mica noir ou vert foncé en paillettes ou plus souvent en piles hexagonales; il y est moins abondant encore que l'amphibole. La proportion de ces deux éléments varie d'ailleurs suivant les échantillons, mais dans des limites étroites; ils sont toujours en quantité assez faible, de sorte que la roche présente un fond clair, verdâtre ou rosé, sur lequel ils se détachent en noir brillant. Le quartz paraît faire absolument défaut.

M. K. v. Hauer a analysé la syénite à gros grain du Zipser Schacht (*); il y a trouvé :

SiO^3	61,73
Al^2O^3	17,45
FeO	5,94
CaO	4,52
MgO	2,29
KO	3,88
NaO	3,12
Perte au feu	1,16
	100.09

(*) *Verhandlungen der k. k. geol. Reichsanstalt*, 1867, p. 82.

Cette analyse montre bien que le feldspath strié ne peut être de l'oligoclase, car, malgré l'abondance de l'amphibole, si nous avions affaire à un mélange d'orthose et d'oligoclase, la teneur en silice serait vraisemblablement plus élevée.

M. K. v. Hauer a, d'ailleurs, analysé à part le mélange feldspathique (*), après l'avoir isolé par triage ; il a obtenu les résultats suivants :

SiO^3	59,49
Al^2O^3	23,88
CaO	6,20
KO	4,09
NaO	4,36
Perte au feu	0,99
	99,01

La teneur en silice et la proportion de chaux montrent bien que le feldspath associé à l'orthose doit être du labrador. Nous ferons remarquer que, dans les syénites zirconiennes de Norwége, le feldspath strié qui accompagne l'orthose est, comme ici, du labrador (**) et que le quartz manque également dans ces roches. On peut s'étonner que l'analyse de la roche en masse donne une proportion de silice supérieure à celle qui existe dans le mélange des deux feldspaths, mais il faut remarquer que la seconde analyse ne représente nullement la composition moyenne de ce mélange et qu'on a dû au contraire s'attacher, dans le triage qu'on a fait, à mettre le plus d'orthose possible de côté pour arriver à des indications plus précises sur la nature de l'autre feldspath.

On observe parfois dans la syénite à gros grain des taches foncées plus ou moins étendues, formées d'un mélange intime de feldspath et d'amphibole. Le feldspath est blanc

(*) *Verhandlungen der k. k. geol. Reichsanstalt*, 1867, p. 60.

(**) Des Cloizeaux. *Manuel de minéralogie*. Paris, 1862, t. I, p. 308.

verdâtre mat et paraît être exclusivement du labrador ; il est criblé de très-petites aiguilles de hornblende et ne présente que rarement des facettes où l'on puisse observer les stries. Ces taches semblent au premier abord des noyaux d'une autre roche empâtés dans la syénite ; mais il est plus probable qu'elles résultent simplement d'une sorte de départ qui se serait effectué entre les éléments, car elles sont généralement entourées d'une mince bordure de feldspath rosé presque pur, qui se fond vers l'extérieur avec la roche de composition normale.

Quelquefois aussi on rencontre dans la syénite à gros grain des veines ou des noyaux de grandes dimensions formés d'une roche feldspathique en grande partie kaolinisée. On observe très-bien ce fait dans la grande galerie d'écoulement dite *Kaiser Josephi II Erbstollen ;* çà et là le toit de la galerie est percé de cheminées irrégulières résultant simplement de la décomposition de ces noyaux qui sont peu à peu tombés en poussière et se sont détachés de la roche solide. En les examinant de près, on constate que leur composition est la même que celle de la syénite normale : au milieu d'une pâte cristalline formée d'un feldspath rosé qui paraît être de l'orthose, apparaissent, serrées les unes contre les autres, des taches d'un blanc de lait qui sont formées par des cristaux feldspathiques kaolinisés ; c'est sans doute le labrador. On remarque aussi des aiguilles d'amphibole, transformées pour la plupart en une matière terreuse, jaune clair ou ocreuse, et des paillettes de mica noir qui n'ont subi aucune altération.

Enfin, au voisinage des filons métallifères, la syénite change fréquemment d'aspect, au point de devenir parfois presque méconnaissable. Le plus souvent, elle est simplement coupée de veines quartzeuses, avec ou sans mélange de calcite, et l'on y voit de petites géodes tapissées de cristaux de quartz hyalin ; en outre on aperçoit dans la masse une quantité de petits grains jaunes de pyrite de fer, généralement bien cristallisés. D'ordinaire c'est à cela que se borne l'altération, mais quelquefois aussi elle est plus profonde : à la place des cristaux d'amphibole on ne trouve plus que des lamelles jaune-paille, qui tombent en poussière sous le canif ; le labrador a subi aussi un commencement de décomposition : il est devenu d'un blanc mat un peu laiteux ; mais cette modification va rarement assez loin pour entraîner la destruction de la roche elle-même, comme il arrive pour les noyaux kaolinisés dont nous avons parlé tout à l'heure.

La syénite à gros grain se présente généralement divisée par des plans parallèles extrêmement nets ; ces plans sont toujours assez fortement inclinés sur l'horizon, et l'on croirait voir des couches relevées ; mais l'orientation des plans de division est tout à fait quelconque et varie très-rapidement, de même que leur inclinaison. On peut. en descendant la vallée d'Hodritsch, observer sur un grand nombre de points cette structure de la syénite, soit dans des carrières, soit sur des escarpements naturels.

Il nous reste à mentionner l'existence, au milieu des syénites d'Hodritsch, d'un gisement de pyroxène sahlite et de quelques autres minéraux rares. Ce gisement se trouve dans une petite gorge qui s'ouvre sur le flanc gauche du Kohutower Thal ; le pyroxène forme là, au milieu de la syénite, une sorte d'amas, de 50 à 60 mètres de longueur sur une quinzaine de mètres de puissance ; il se présente sous la forme d'une masse compacte, grenue, d'un vert clair un peu jaunâtre ; la séparation entre cette masse et la syénite qui l'entoure est nettement tranchée. Çà et là apparaissent des veines ou des taches de spinelle noir et quelques veinules blanches de calcite. Des géodes assez nombreuses offrent ces minéraux en très-beaux cristaux : le pyroxène en prismes allongés, avec les faces M, h^1 et parfois g^1, terminés par des pointements formés de diverses troncatures sur les angles et les arêtes, présentant particulièrement les facettes $b^{1/6}$; les cristaux sont d'un vert plus franc et plus foncé que la masse elle-même; c'est la variété connue sous le nom de *fassaïte*. Le spinelle se montre en octaèdres réguliers; la calcite est rarement cristallisée. On a aussi rencontré, mais exceptionnellement, des prismes d'épidote verte et des grenats jaunes en dodécaèdres rhomboïdaux.

Syénite à grain fin. — La syénite à grain fin a la même composition minéralogique que la syénite à gros grain; seulement les éléments y sont encore plus intimement mélangés et l'amphibole y entre en proportion plus considérable. Les deux feldspaths se présentent en lamelles translucides, clivées, d'un blanc rosé pour l'orthose, légèrement verdâtres pour le labrador; mais ces lamelles sont excessivement petites; leurs dimensions en tous sens dépassent rarement un millimètre et il est souvent presque impossible de trouver des facettes assez étendues pour y voir nettement les stries. L'amphibole est en petites aiguilles clivées ou en petits grains cristallins, à peine discernables à l'œil nu, mais reconnaissables à leur éclat. On trouve aussi du mica noir en paillettes, mais en assez faible quantité. Enfin la syénite à grain fin, comme la syénite à gros grain, renferme fréquemment de la calcite, soit en veinules minces, soit finement disséminée, et fait légèrement effervescence par les acides. La roche présente une texture grenue, avec une teinte noire à peu près uniforme due à l'abondance de l'amphibole; ce fond noir, qui frappe l'œil tout d'abord, est comme saupoudré de petites taches brillantes d'un blanc verdâtre ou rosé, formées par les deux feldspaths. Parfois cependant la roche devient tout à fait noire et semble passer au grünstein, mais la structure cristalline est toujours assez nette pour qu'on puisse distinguer facilement les syénites à grain fin, même les plus riches en amphibole, des grünsteins noirs qui se montrent dans leur voisinage en divers points de la vallée d'Eisenbach.

La syénite à grain fin est moins coupée de fentes que la syénite à gros grain, et nous n'y avons jamais vu cette division par plans parallèles qui est si fréquente dans la vallée d'Hodritsch ; elle est aussi moins altérable ; sa cassure est plus irrégulière et il est beaucoup plus difficile de l'échantillonner.

Granites et Gneiss. — Les granites et les gneiss ne se montrent au jour que dans la vallée d'Eisenbach, à deux kilomètres environ en aval de Schüttersberg, et un peu plus bas à la hauteur de l'Alt Anton Stollen, siége des principaux travaux de mines de la vallée. Ces roches, qui passent par degrés de l'une à l'autre, sont formées d'orthose rosâtre en grands cristaux, de quartz et d'un mica verdâtre disposé tantôt irrégulièrement, tantôt en feuillets contournés. Le mica est souvent onctueux au toucher et paraît passer au talc ; la roche prend alors l'aspect d'une véritable protogine. Le feldspath est fréquemment altéré et kaolinisé en partie ; aussi la roche est-elle peu solide et tombe-t-elle en sable sous le marteau. Elle est généralement coupée de fentes nombreuses dirigées dans tous les sens.

Les granites de la vallée d'Eisenbach ne se trouvent nulle part en contact avec les syénites ; aussi est-il difficile d'établir exactement les rapports d'âge qui peuvent exister entre ces deux roches ; ce sont cependant les granites qui paraissent les plus anciens, comme nous l'indiquerons plus loin.

SCHISTES ET QUARTZITES. — Les formations de schistes et de quartzites se montrent assez développées sur le bord du massif syénitique, principalement sur son bord septentrional. Elles forment une zone de largeur variable qui commence à Schüttersberg, sur la rive droite du ruisseau d'Eisenbach ; de là elles s'étendent d'un côté vers la vallée de Glashütte, dans la direction du nord-est, le long du granite, et de l'autre côté dans la direction de l'ouest sur le flanc gauche de la vallée, s'élevant parfois jusqu'au sommet du chaînon et pénétrant plus ou moins profondément dans la bande syénitique. On les retrouve à l'ouest à Unter-Hammer et au sud au Trsteno Vrh, au-dessus du Reichauer Thal. Dans la vallée d'Hodritsch, elles forment sur la rive droite, en amont du village, la séparation entre la syénite et le grünstein. Enfin c'est à ce groupe que se rattachent les quartzites du Heckelstein, entre Schemnitz et Dillen.

Les schistes sont généralement de couleur grise ou d'un gris verdâtre, à pâte très-fine avec quelques veines de quartz. Ils sont coupés de fentes très-nombreuses et se désagrégent à l'air; sur tout le flanc gauche de la vallée d'Eisenbach la terre végétale est formée de leurs débris. Les quartzites apparaissent au milieu de ces schistes en couches plus ou moins puissantes; du côté d'Hodritsch et au-dessus de Dillen ils se montrent à peu près seuls. Ce sont des roches gris clair ou jaunâtres, à grain fin, à texture saccharoïde; on y rencontre des veinules de quartz et des cristaux de quartz hyalin dans les géodes. Quelquefois on trouve de l'hématite brune, déposée en masses mamelonnées sur les parois des fentes, par exemple au Rabensteiner Fels, près d'Hodritsch. Les quartzites résistant absolument à l'action des agents atmosphériques forment souvent des rochers escarpés : nous citerons ceux du Heckelstein à côté de la route de Schemnitz, et du Rabensteiner Fels, masse de rochers à pic qui se dresse au bord de la vallée d'Hodritsch et du sommet de laquelle on jouit d'une vue magnifique. En ces deux points les quartzites se présentent en couches puissantes, relevées presque verticalement.

On trouve quelquefois, intercalées dans les schistes, des couches de calcaire noir ou gris, par exemple au Schwarzer Berg, entre les vallées d'Eisenbach et d'Hodritsch, et au Trsteno Vrh, sur la rive gauche de la vallée d'Hodritsch, au-dessus d'Unter-Hammer. En ce dernier point les calcaires ont été recoupés par une galerie de mine, l'Ignaz Stollen.

et l'on y a trouvé des veines de serpentine. Cette serpentine est d'un vert jaunâtre plus ou moins foncé, souvent très-élégamment veinée ; elle est mélangée d'une petite quantité de chaux carbonatée, qui forme des enduits blancs dans les fissures. Elle se montre au milieu du calcaire, tantôt en veines minces, tantôt en nodules, tantôt en amas ou en bancs épais. Cette roche, désignée aussi sous le nom d'ophicalcite, est susceptible de prendre un fort beau poli et pourrait être exploitée comme pierre d'ornement.

On rencontre encore dans les formations qui nous occupent une roche particulière, connue dans le pays sous le nom d'*aplite*, mais plus souvent improprement appelée pegmatite. C'est un mélange grenu d'orthose et de quartz. Le quartz, qui forme d'ordinaire l'élément dominant, est gris clair, translucide, quelquefois presque hyalin. L'orthose se montre en très-petites lamelles cristallines, d'un blanc de lait, parfois kaolinisées, disséminées au milieu du quartz. On trouve en outre çà et là des paillettes de mica vert pâle et rarement des veinules d'amphibole hornblende. La masse est coupée de veines de quartz grisâtre ou hyalin. C'est une roche excessivement dure, qui offre au mineur, quand on la rencontre souterrainement, des difficultés d'abatage considérables. Elle se montre au jour en quelques points de la vallée d'Eisenbach, notamment sur la rive gauche, au Hirschenstein, à la hauteur de l'Alt Anton Stollen. On ne la rencontre jamais qu'au voisinage de la syénite ; aussi est-elle généralement considérée comme une roche métamorphique.

Les schistes et les quartzites sont les formations sédimentaires les plus anciennes du district de Schemnitz ; ils reposent directement sur les granites, entre Eisenbach et Glashütte, et sur les syénites dans les vallées d'Eisenbach et d'Hodritsch. On les a rencontrés dans les travaux des mines, et l'on a constaté qu'ils s'étendent plus loin en profondeur qu'à la surface et sont en partie recouverts par les grünsteins. Quelquefois l'on trouve des gîtes métallifères à leur toit ou à leur mur, entre eux et les roches qui les recouvrent ou sur lesquelles ils reposent; il en est ainsi près d'Hodritsch et d'Eisenbach où un certain nombre de filons sont de véritables gîtes de contact. Le minerai a parfois même pénétré dans la roche : ainsi une partie des quartzites du Rabensteiner Fels sont imprégnés de sulfures métalliques; aussi ont-ils été exploités par les anciens qui paraissent avoir enlevé tout ce qu'on pouvait traiter avec bénéfice. On voit aujourd'hui à la surface d'énormes excavations présentant encore sur leurs parois les traces de l'exploitation par le feu.

Les quartzites sont, comme nous l'avons dit, intercalés dans les schistes; mais on remarque qu'ils se trouvent le plus souvent vers la partie inférieure, plus près de la syénite; à mesure qu'on approche de cette roche, les schistes changent peu à peu d'aspect, ils deviennent plus clairs et se chargent de quartz; au contact on trouve les aplites dont nous avons parlé, alternant parfois avec des couches de quartzite. Il paraît certain, d'après cela, que la syénite a métamorphisé les schistes et leur est, par conséquent, postérieure. Au voisinage des granites et des gneiss, au contraire, on n'observe rien d'analogue, et il est permis de les considérer comme les plus anciennes formations du pays. Quant aux schistes eux-mêmes, l'absence complète de fossiles fait qu'il est à peu près impossible de fixer leur âge avec certitude; cependant leur position et leurs caractères lithologiques ont conduit M. F. v. Andrian (*) à les assimiler aux schistes et aux quartzites des Karpathes et de la Bohême que l'on a reconnu appartenir aux formations dévoniennes.

(*) F. Freiherr v. Andrian. *Das südwestliche Ende des Schemnitz-Kremnitzer Trachytstockes.—Jahrb. der k. k. geol. Reichsanstalt.* 1866, t. XVI.

SCHISTES TRIASIQUES ET CALCAIRES. — On rencontre encore au nord du massif syénitique d'Hodritsch, d'autres formations sédimentaires, mais peu développées; ce sont des schistes rouges et des calcaires. Les schistes reposent directement sur les roches dévoniennes et sont recouverts par les calcaires; la coupe *fig.* 1, Pl. VIII, peut donner de suite une idée de cette disposition. Les schistes ne se montrent au jour que dans la vallée d'Eisenbach, sur la rive droite au Kohlberg, et plus bas sur la rive gauche entre Peszerin et Eisenbach; ce sont des roches d'un rouge brun, à grain fin, à pâte quartzeuse, renfermant un peu de mica; elles rappellent beaucoup certaines variétés schisteuses de grès bigarré (*). Elles appartiennent du reste à la partie inférieure du terrain triasique, comme l'ont montré les fossiles qu'on y a rencontrés; ces fossiles sont la *Naticella costata*, Münst. et le *Myacites Fassaensis*, Wissm., qui caractérisent les schistes rouges de Werfen dans le Salzbourg. Ces mêmes schistes triasiques ont été, d'après M. le Bergrath V. Lipold (**), retrouvés souterrainement aux environs de Schemnitz, au-dessous de l'Amalia Schacht, dans les travaux de percement de la Kaiser Josephi II Erbstollen; mais ces travaux sont aujourd'hui noyés, et M. V. Lipold n'avait pu voir lui-même ce point si intéressant.

Les calcaires dont nous avons parlé reposent dans la vallée d'Eisenbach sur les schistes triasiques; mais ils apparaissent seuls en quelques autres points, notamment au Georgstollner Thal, près de Dillen; ce sont des calcaires gris, compactes, qui par endroits deviennent blancs, cristallins, saccharoïdes. Cette modification, qu'on observe dans les calcaires du Georgstollner Thal à la surface et

(*) Cette analogie avait frappé Beudant, et il la signale en termes précis dans son voyage en Hongrie. V. *Voyage minéralogique et géologique en Hongrie*, t. III, p. 155 et 157.

(**) M. V. Lipold. *Der Bergbau von Schemnitz in Ungarn.* — *Jahrb. der k. k. geol. Reichsanstalt*. 1867, t. XVII.

souterrainement dans la galerie dite *Kronprinz Ferdinand Erbstollen*, paraît liée au voisinage du grünstein et due à une action de métamorphisme exercée par cette roche. On n'a jamais trouvé de fossiles dans ces calcaires et l'on ne peut préciser leur âge ; on ne sait s'ils appartiennent au trias ou à l'étage rhétique, qui est précisément représenté, à quelque distance au nord de Schemnitz, par des calcaires reposant sur les schistes triasiques.

CONGLOMÉRAT NUMMULITIQUE. — Enfin l'on trouve, auprès d'Eisenbach, entre Peszerin et l'établissement thermal, un conglomérat calcaire qui n'affleure que sur une très-faible étendue. Son aspect est extrêmement variable : tantôt il est composé de gros blocs empâtés dans une masse presque terreuse, tantôt il passe à un calcaire gris tout à fait compacte; parfois il présente des veines ondulées grises et rouges, extrêmement siliceuses; enfin l'on y trouve des débris des roches anciennes des environs, des fragments de gneiss, de schistes chloritiques, des cristaux de feldspath et des grains de quartz. Dans les parties compactes, soit siliceuses, soit calcaires, on rencontre quantité de nummulites, les unes solidement empâtées dans la roche, les autres à demi détachées ; sur les faces exposées à l'air, elles sont généralement brisées et montrent la spire qui existait à l'intérieur, mais les cloisons ont disparu, ce qui rend leur détermination spécifique à peu près impossible. Par leur forme et leurs dimensions, c'est des nummulites de l'éocène inférieur qu'elles se rapprochent le plus, et l'on peut admettre avec quelque certitude que les conglomérats d'Eisenbach appartiennent en effet à cet étage qu'on trouve représenté plus nettement à peu de distance. Ces conglomérats reposent sur les calcaires gris dont nous avons parlé et paraissent plonger vers le nord-ouest; mais la stratification est extrêmement peu nette, et l'on ne saurait dire si elle est ou non parallèle à celle des calcaires.

Grünstein. — Le grünstein compose presque seul la masse du chaînon du Paradeisberg, formant une bande d'environ 25 kilomètres de longueur, orientée à peu près du nord-est au sud-ouest. Au sud-ouest de Schemnitz cette bande est très-régulière : elle a entre Windschacht et Hodritsch une largeur de plus de 7 kilomètres qu'elle conserve sur une assez grande étendue. Son bord méridional part du bas de Schemnitz, un peu au-dessous de l'Antaler Thor, passe à Steplitzhof et se continue parallèlement à la crête du chaînon principal jusqu'à la hauteur de Viszoka au delà du Reichauer Teich ; là il s'infléchit un instant vers l'ouest pour reprendre ensuite sa direction primitive et se prolonger jusqu'au delà du village de Pukantz, où la bande de grünstein n'a plus que 4 à 5 kilomètres de largeur. Au nord de Schemnitz, le grünstein ne suit pas aussi exactement l'axe du chaînon : il est limité par une ligne à peu près droite, dirigée du sud au nord, qui passe à l'est de la ville, au-dessus de Dillen, et va s'arrêter au delà du village de Tepla, entre Mocsar et Glashütte ; ici la largeur de la bande est réduite à 2 kilomètres. Sa limite du côté du nord-ouest part à peu près du village de Glashütte, descend vers le sud-sud-ouest et atteint la vallée d'Hodritsch au pied du Rumplocka Vrh ; en ce point elle prend la direction du chaînon du Paradeisberg et se poursuit ainsi jusqu'au sud-ouest de Pukantz. Sur quelques points la bande de grünstein dont nous venons d'indiquer en gros les contours est légèrement étranglée par d'autres formations, particulièrement par les schistes et les quartzites ou par les tufs trachytiques. Ceux-ci se mêlent souvent du reste aux masses terreuses résultant de la décomposition du grünstein et il est parfois impossible de reconnaître exactement la limite des deux formations.

On trouve encore le grünstein, en dehors du grand massif qui s'étend de Pukantz à Glashütte, sur la rive droite de la vallée d'Eisenbach entre Peszerin et l'établissement de bains. Il s'étend de là vers l'est et vers le nord jusqu'à une petite vallée, le Nevicer Thal, qui court de l'est à l'ouest pour venir se réunir à la vallée d'Eisenbach en aval du village. Le grünstein se montre sur tout le flanc gauche du Nevicer Thal et forme une zone allongée, assez large du côté de l'est, mais qui va en se rétrécissant à mesure qu'on descend le cours du ruisseau.

Enfin nous mentionnerons dès maintenant les nombreux filons de grünstein qui traversent le massif syénitique d'Hodritsch et les schistes et les quartzites d'Eisenbach. C'est la présence de ces filons dans la vallée d'Eisenbach qui conduisit Beudant à considérer les *grünsteins porphyriques* comme des roches sédimentaires qu'il rangea dans le terrain de transition : les voyant intercalés dans les schistes, et alternant avec eux à diverses reprises, il crut avoir affaire à des couches et conclut à la contemporanéité de ces deux roches. L'intercalation des grünsteins dans la syénite lui fit rattacher cette dernière roche au même groupe, et il donna à l'ensemble le nom de *terrain de syénite et grünstein porphyrique.* Il faisait remarquer cependant que l'*origine neptunienne* de ces roches n'était pas parfaitement établie et qu'il pourrait arriver qu'un jour on reconnût qu'elles avaient été *formées par le feu* (*).

M. v. Pettko reconnut le premier l'âge exact des grünsteins, leur caractère trachytique, et il les réunit aux trachytes proprement dits.

Enfin, M. F. v. Richthofen (**) en fit un groupe à part sous le nom de *Grünsteintrachyt*, que l'expression *grünstein trachytique* ne rend pas exactement ; il décrivit nette-

---

(*) Beudant. *Voyage minéralogique et géologique en Hongrie.* Paris, 1822, t. III, p. 155.

(**) F. Freiherr v. Richthofen. *Studien aus den ungarisch-siebenbürgischen Trachytgebirgen. — Jahrb. der k. k. geol. Reichsanstalt.* 1860, t. XI.

ment leurs caractères lithologiques et reconnut qu'ils devaient être placés à la base du groupe des trachytes. Il indique leur existence en différents pays en dehors de la Hongrie et de la Transylvanie, notamment en Arménie, en Perse, au Mexique et dans une partie de la chaîne des Andes ; sur presque tous ces points, les grünsteins ont été suivis comme en Hongrie par d'autres roches trachytiques, les trachytes gris et les rhyolithes. On a encore désigné ces roches sous le nom de *propylites*, mais c'est le nom de *Grünsteintrachyt* qui a été le plus généralement adopté ; dans le langage habituel on continue cependant à employer de préférence le mot de *grünstein;* c'est celui que nous conserverons, faute de pouvoir traduire complétement le terme de M. F. v. Richthofen ; d'ailleurs les roches éruptives de composition analogue étant toutes plus anciennnes et rentrant dans le groupe des diorites, le nom de grünstein ne peut prêter à aucune confusion.

Composition minéralogique des grünsteins. — Les grünsteins sont composés essentiellement d'un mélange de feldspath et d'amphibole hornblende. Le feldspath se montre souvent en cristaux assez nets présentant les stries du sixième système cristallin ; on le considérait généralement comme de l'oligoclase ; mais des analyses récentes ont montré que ces cristaux devaient être rapportés au labrador. Il semble qu'il y ait en outre dans la pâte un autre feldspath, qui serait alors de l'orthose ; mais l'examen minéralogique ne permet pas de constater sa présence. L'aspect des grünsteins varie dans les limites les plus étendues : tantôt la roche est tout à fait porphyroïde, tantôt les cristaux se fondent dans la masse, et l'on a des variétés compactes aphanitiques ; on trouve, entre ces deux extrêmes, tous les intermédiaires possibles. De plus, la couleur même de la pâte est extrêmement variable ; elle est généralement verdâtre, mais parfois presque blanche et souvent noire ou violacée. Outre les deux éléments essentiels que nous avons indiqués, on rencontre fréquemment du mica noir ou vert et quelquefois du quartz en grains, ce qui donne lieu à de nouvelles variétés.

Mais quand on parcourt le massif de grünstein qui s'étend aux environs de Scheinnitz, on voit que ces diverses variétés passent insensiblement de l'une à l'autre et ne correspondent nullement, comme cela a lieu pour les trachytes, à des époques d'arrivée différentes. Il est par conséquent impossible d'établir dans ce groupe, même pour l'étude lithologique, des divisions un peu nettes. On ne peut non plus suivre pour les décrire un ordre géographique, la distribution des différentes variétés de grünstein étant absolument irrégulière. Chacune d'elles se retrouve en un grand nombre de points fort éloignés les uns des autres; seules les variétés quartzifères semblent un peu localisées, mais dans le terrain qu'elles occupent leur aspect et leur composition même, au point de vue de la distribution des éléments minéralogiques autres que le quartz, varient dans des limites si étendues et si rapidement d'un point à un autre, qu'on ne peut songer à les décrire dans l'ordre où on les rencontre. Il faut se contenter de choisir dans la série un certain nombre de termes et de les étudier successivement en indiquant par quelle suite de transformations ils peuvent se relier les uns aux autres.

Nous diviserons dans ce but les grünsteins en deux groupes principaux : les grünsteins porphyroïdes et les grünsteins compactes; nous étudierons dans chacun de ces deux groupes les principales variétés, au point de vue de leur aspect et de leur composition minéralogique, en indiquant à la fin de chaque série les roches qui peuvent être considérées comme faisant le passage de l'une à l'autre. Nous laisserons en dehors les grünsteins terreux, pour en parler à part, ainsi que les altérations que peuvent présenter ces roches au voisinage des filons métallifères.

Grünsteins porphyroïdes. — Commençons par les variétés porphyroïdes : on en trouve un des meilleurs types au sommet même du Paradeisberg. La pâte de cette roche est d'un vert grisâtre, à grain fin, à texture serrée ; elle est criblée de cristaux de feldspath d'un blanc mat, légèrement nacrés. Ces cristaux ont la forme de tables de 3 à 4 millimètres de longueur en moyenne avec une largeur égale et 1 à 2 millimètres d'épaisseur ; quelques-uns d'entre eux sont brisés suivant les plans de clivage et ont alors un vif éclat. On y reconnaît parfois les gouttières caractéristiques des feldspaths du sixième système ; la plupart sont mâclés : en effet, sur les cassures transversales, on aperçoit plusieurs bandes parallèles, les unes brillantes, les autres mates, par suite de l'orientation différente des facettes de clivage. Tous ces cristaux sont solidement enchâssés dans la pâte et il est impossible de les en détacher. Au milieu d'eux apparaissent quelques aiguilles d'amphibole hornblende, atteignant au plus 4 ou 5 millimètres de longueur ; les unes sont brisées suivant la longueur, mais n'ont pas le même éclat que celles que nous signalions plus haut dans la syénite ; les autres montrent leurs faces naturelles de cristallisation avec l'angle de 124° 30'. Enfin l'on observe çà et là des piles hexagonales de mica noir très-brillant ; on peut les enlever sans difficulté et elles laissent dans la pâte un vide à parois parfaitement nettes.

En descendant vers Schemnitz, on voit la roche se modifier peu à peu ; celle qu'on observe au bord de l'Ottergrunder Teich est moins nettement porphyroïde : les cristaux de feldspath paraissent à demi fondus dans la masse ; ils sont moins nombreux, d'un blanc moins mat, et présentent des stries beaucoup plus nettes. L'amphibole se montre en plus grande quantité et en cristaux plus développés, tandis que le mica semble avoir diminué. (V. l'analyse A, p. 48). Plus bas, on arrive à des variétés tout à fait compactes.

De l'autre côté de la montagne, au contraire, en descendant vers la vallée d'Hodritsch, les roches qu'on rencontre présentent une texture porphyroïde des plus nettes : ainsi sur le bord de la route qui va du col de Rottenbrunn à Hodritsch, on voit un beau grünstein porphyrique à pâte d'un vert grisâtre; les cristaux de feldspath sont blancs, mats, disséminés çà et là; l'amphibole est peu abondante; le mica se montre en paillettes bronzées légèrement altérées; on remarque aussi quelques veines blanches de chalcédoine. (V. l'analyse B, p. 48.)

On trouve assez fréquemment parmi les grünsteins porphyroïdes des variétés à pâte très-claire. Ces variétés se montrent en un assez grand nombre de points, par exemple sur la rive gauche du Georgstollner Thal, un peu en aval de la masse de calcaire : ici la pâte est d'un gris clair, presque blanche, présentant seulement une légère teinte verdâtre; le feldspath est en petits cristaux d'un blanc mat ou un peu jaunes, extrêmement abondants. On y voit de nombreuses aiguilles d'amphibole, nettement cristallisées, atteignant presque un centimètre de longueur; mais ici l'amphibole a changé d'aspect : elle est d'un vert plus ou moins foncé et se laisse couper au canif; dans la section on aperçoit parfois de petites taches blanches qui paraissent être des particules feldspathiques empâtées; malgré cette modification profonde, les angles ne sont nullement altérés et les parties vertes sont, comme l'amphibole normale, fusibles et insolubles dans les acides. Enfin la roche renferme une grande quantité de mica vert brillant, en piles hexagonales de 3 à 5 millimètres de diamètre. L'ensemble forme une masse de couleur claire, agréablement mouchetée de blanc mat et de vert sombre. (V. l'analyse C, p. 48.) On retrouve un grünstein presque semblable sur les pentes du Heckelstein; les cristaux de feldspath sont seulement plus développés et la pâte un peu plus verte.

C'est généralement parmi les grünsteins porphyroïdes que l'on trouve les variétés quartzifères. Elles ont été réunies par MM. F. v. Hauer et G. Stache (*) à un groupe de roches trachytiques quartzifères intermédiaires comme âge entre les grünsteins et les trachytes gris, auquel ils ont donné le nom de *dacites;* mais ils font remarquer qu'ils n'entendent pas, par cette réunion fondée simplement sur la composition minéralogique, attribuer aux grünsteins quartzifères un âge différent de celui des grünsteins proprement dits. Les roches pour lesquelles ce groupe a été créé n'étant pas représentées aux environs de Schemnitz, nous laisserons de côté le nom de dacites pour ne pas séparer par des appellations différentes des roches aussi intimement liées que le sont les grünsteins sans quartz et les grünsteins quartzifères.

Le quartz se montre dans ces variétés en petits grains ronds, hyalins, disséminés dans la masse et généralement fort peu abondants : on n'en aperçoit souvent qu'un grain ou deux sur des échantillons de 10 centimètres de côté. Sauf la présence du quartz, ces roches rentrent tout à fait dans les types que nous avons indiqués; ainsi celle que nous avons rencontrée dans la Kaiser Josephi II Erbstollen, au chantier d'avancement dirigé vers Schemnitz, présente une pâte presque blanche, un peu cristalline, avec des cristaux de feldspath blanc mat légèrement nacrés; l'amphibole y est en aiguilles vertes, très-tendres; le mica, vert ou grisâtre, en piles hexagonales; au milieu de la masse on aperçoit un ou deux petits grains de quartz translucides. D'autres fois, la pâte est d'un vert grisâtre, par exemple auprès du Rossgrunder Teich, et rappelle les roches du sommet du Paradeisberg; seulement ici le mica est vert et non pas noir; de même au Stefan Schacht, à Steplitzhof: on trouve au toit et au mur du Stefan Gang un grünstein à pâte grise teintée de vert, renfermant quelques cristaux de feld-

(*) F. Ritter v. Hauer et Dr Guido Stache. *Geologie Siebenbürgens.* Vienne, 1863, p. 70 et suiv.

spath blancs ou jaunâtres, de l'amphibole verte en aiguilles, mais peu abondante, des piles de mica vert et quelques grains de quartz ; la masse est du reste, jusqu'à une certaine distance du filon, coupée de nombreuses veines de quartz.

Les grünsteins de la vallée d'Hodritsch sont presque tous quartzifères, les uns à pâte claire comme celui que nous avons cité plus haut dans la Kaiser Josephi II Erbstollen, les autres à pâte d'un vert grisâtre, avec des cristaux de feldspath blanc mat, ou nacrés et striés, des prismes d'amphibole verte et du mica vert en piles; par exemple, ceux qu'on trouve sur la rive droite du ruisseau à l'entrée de la galerie dite *Goldener Tisch Stollen*, au-dessous du Zipser Schacht. Ailleurs la pâte se fonce, les cristaux de feldspath deviennent eux-mêmes grisâtres et tranchent moins nettement sur la masse; quelques lamelles présentent des stries d'une netteté remarquable ; l'amphibole semble disparaître; le mica est toujours abondant, disséminé dans la masse en piles hexagonales, mais il participe de la couleur générale de la roche, il est gris avec une teinte un peu verdâtre; on aperçoit çà et là un ou deux grains de quartz ; tels sont les grünsteins qu'on rencontre dans le haut de la vallée d'Hodritsch, formant au-dessus de la route de grands escarpements. Enfin les cristaux de feldspath paraissent quelquefois se fondre dans la masse : le grünstein qui forme les parois de la galerie de recoupe allant de la Kaiser Josephi II Erbstollen à l'Allerheiligen Gang présente une pâte d'un gris foncé légèrement verdâtre ; le feldspath y est à peine apparent, on en aperçoit seulement quelques lamelles cireuses, verdâtres, à contours mal définis; çà et là quelques aiguilles d'amphibole verte, et une assez grande quantité de mica vert en piles; le quartz se montre en grains nombreux, irrégulièrement disséminés dans la masse.

Dans toutes les roches dont nous venons de parler, l'amphibole était à demi terreuse, verte et sans éclat. Il y a cependant des variétés quartzifères où elle se présente avec ses caractères normaux : ainsi, dans le village même d'Hodritsch on trouve un beau grünstein porphyroïde, employé à la construction des murs; la pâte est d'un gris verdâtre, le feldspath se montre en cristaux blancs, légèrement vitreux, à éclat nacré; le mica est d'un beau vert, groupé en piles hexagonales; l'amphibole, assez abondante, est cristallisée en prismes noirs de 6 à 7 millimètres de longueur; la plupart sont clivés et brillent d'un vif éclat; quelques-uns sont à demi dégagés, et offrent les faces M, g^1, P et $b^1/^2$; le quartz est en petits grains hyalins, peu abondants.

Enfin les filons de grünstein qui traversent la syénite et les schistes sont presque tous quartzifères. L'un de ceux qu'on rencontre au milieu des schistes d'Eisenbach dans la galerie d'écoulement dite *Kreuz-Erfindungs Erbstollen* présente une pâte gris clair criblée de cristaux feldspathiques blancs laiteux ; on y aperçoit quelques rares aiguilles d'amphibole hornblende, noires, mais en partie altérées et devenues ocreuses, des piles de mica vert et une grande quantité de grains de quartz hyalins. Dans un autre filon peu éloigné de celui-ci, la pâte est d'un vert grisâtre; les cristaux de feldspath, peu abondants, sont d'un blanc mat, l'amphibole apparaît en petites aiguilles de couleur verte ou en cristaux mal formés formant des taches foncées sur le fond plus clair; dans ces taches on remarque de petits octaèdres réguliers de fer oxydulé d'un noir brillant, attirables à l'aimant; le mica est vert, disposé en piles hexagonales; on aperçoit plusieurs veinules de calcite; le quartz est fort rare, si même il ne manque pas complétement.

Sur la rive droite de la vallée d'Hodritsch, la syénite est coupée par plusieurs filons, notamment entre la bouche de la Kaiser Franz Erbstollen et le Leopold Schacht. L'un de ces filons est formé par un grünstein à pâte verte; les cristaux de feldspath sont tantôt nacrés et striés, tantôt blanc mat, tantôt d'un jaune un peu ocreux; encore ici l'amphibole est verte, très-tendre; on voit de nombreuses piles de mica vert et plusieurs grains de quartz. Dans un autre, la pâte est d'un gris verdâtre foncé, mouchetée seulement çà et là de cristaux feldspathiques blancs, l'amphibole à peu près disparu, mais on voit encore plusieurs piles de mica vert de 5 à 6 millimètres de diamètre et quelques rares grains de quartz; c'est un commencement de passage aux variétés compactes. Plus bas dans la vallée, on retrouve d'autres filons de grünstein; celui qui coupe la syénite au bas du Rudolf Schacht appartient encore au type porphyroïde : la pâte est verte, elle renferme de petits cristaux feldspathiques d'un blanc un peu nacré, dont quelques-uns montrent des stries assez nettes; on aperçoit quelques piles de mica vert et des cristaux mal formés d'amphibole d'un vert sombre; le quartz est très-rare ou fait même absolument défaut. On remarque sur la cassure de la roche des mouches d'un vert pistache, formées d'aiguilles cristallines enchevêtrées, qui paraissent être de l'épidote. Nous avons, d'ailleurs, rencontré assez fréquemment l'épidote en veinules minces ou en mouches dans les grünsteins, notamment au chantier d'avancement de la Kaiser Josephi II Erbstollen, dans les escarpements qui bordent la route d'Hodritsch et dans les variétés compactes qui encaissent le Spitaler Gang aux environs de l'Elisabeth Schacht.

Les différentes variétés dont nous avons parlé jusqu'ici étaient presque toutes à pâte claire, verte ou grisâtre; on rencontre aussi parmi les grünsteins porphyroïdes quelques variétés à pâte foncée, mais elles sont plus rares. Il y en a, par exemple, au Heckelstein : la pâte est presque noire, mouchetée çà et là de cristaux de feldspath blancs, nacrés; l'amphibole semble s'être dissoute dans la masse pour lui donner sa coloration ; on en aperçoit cependant encore quelques petites aiguilles ; il y a en outre des piles de mica vert foncé. Dans les grünsteins qu'on trouve au toit du Grüner Gang, au niveau de la Kaiser Franz Erbstollen, la pâte est tout à fait noire ; les cristaux de feldspath sont d'un blanc grisâtre, assez peu nombreux ; il y a quelques aiguilles d'amphibole, mais on ne voit plus de mica ; dans les fissures on trouve un enduit d'un vert sombre qui paraît formé d'amphibole. Enfin le grünstein qu'on rencontre au bord de la route de Windschacht, au-dessus de l'Andreas Schacht, présente une pâte d'un noir rougeâtre, criblée de cristaux feldspathiques très-nets, mais extrêmement petits : ces cristaux ont au plus 2 à 2,5 millimètres de longueur sur une largeur de 0,5 à 1 millimètre ; ils sont blancs, un peu vitreux, et montrent parfois des stries sur leurs facettes ; l'amphibole est disséminée dans la masse en petites aiguilles très-abondantes, mais mal formées et à demi fondues dans la pâte ; le mica manque absolument. (V. l'analyse D, p. 48.)

Grünsteins compactes. — Nous arrivons maintenant aux grünsteins compactes, qui se lient aux grünsteins porphyroïdes par les roches à pâte foncée et à petits cristaux dont nous venons de parler. Les grünsteins compactes sont le plus souvent noirâtres et les éléments dont ils sont formés, se fondant dans la masse, y deviennent à peu près indistincts. Ils sont très-fréquents aux environs de Schemnitz et particulièrement sur les flancs du Paradeisberg ; on les rencontre dans la gorge qui descend du col de Rottenbrunn vers la ville : ils présentent ici une pâte presque noire, à cassure esquilleuse, dans laquelle on aperçoit de très-petites lamelles feldspathiques que leur éclat seul permet de distinguer, quelques paillettes de mica noir et de petites aiguilles d'amphibole hornblende ; çà et là on trouve des blocs où la masse passe insensiblement du noir au gris verdâtre foncé, mais sans reprendre la texture porphyroïde.

Les roches qu'on trouve sur le versant sud-ouest du Paradeisberg, au-dessus de l'étang de Klingerstollen, ont à peu près le même aspect; seulement les lamelles feldspathiques y sont parfois d'un jaune verdâtre, légèrement cireuses, et par suite un peu plus distinctes; on y remarque par places de petits grains octaédriques de fer oxydulé. On retrouve un grünstein presque semblable en filon dans la syénite un peu au-dessous d'Hodritsch, à l'entrée de la Kaiser Franz Erbstollen; la pâte est seulement un peu plus grise et l'amphibole en plus gros cristaux.

Parfois la pâte de ces roches prend une teinte violacée, par exemple dans les escarpements qui bordent le flanc gauche du Georgstollner Thal, un peu au-dessus de la route de Schemnitz à Glashütte; on y remarque des lamelles feldspathiques verdâtres striées et quelques aiguilles d'amphibole d'un noir terne. (V. l'analyse E, p. 48.)

Le dôme qui s'élève entre le Reichauer Teich et les étangs de Windschacht est tout entier formé de grünstein compacte noir ou gris foncé, à pâte extrêmement fine, presque vitreuse; le feldspath s'y montre en très-petites lamelles, légèrement colorées en jaune verdâtre, translucides; l'amphibole est en aiguilles prismatiques à demi fondues dans la masse, et quelquefois en gros cristaux isolés, brillants, atteignant 1 centimètre de longueur sur 7 à 8 millimètres de largeur (V. l'analyse G, p. 48). On retrouve cette même variété un peu plus loin, à la naissance du ruisseau d'Illia, alternant avec des grünsteins terreux presque entièrement décomposés. C'est la même encore qui forme le flanc gauche de la vallée d'Eisenbach, un peu en amont de Schüttersberg; seulement ici le feldspath est presque incolore et assez brillant (V. l'analyse F, p. 48). Enfin, dans les blocs de grünstein qu'on rencontre au milieu des tufs, entre Illia et Steplitzhof, le caractère vitreux de la pâte est encore plus accentué : elle est d'un noir mat et renferme une quantité de lamelles feldspathiques brillantes, nettement striées, incolores ou jaunâtres; on y voit quelques petites aiguilles d'amphibole noire et de très-petits grains de fer oxydulé. Quelques-uns de ces blocs sont altérés et se divisent en boules irrégulières; le grünstein qui les forme est à pâte noire presque vitreuse; le feldspath est jaunâtre, cireux; on voit une assez grande quantité d'aiguilles de hornblende et beaucoup de mica noir en paillettes ou en piles hexagonales.

De même qu'on rencontre dans les grünsteins porphyroïdes des variétés à pâte foncée, de même on trouve parmi les grünsteins compactes des roches à pâte plus claire, verte ou gris verdâtre; ces variétés forment une nouvelle série intermédiaire entre les deux types principaux, auxquels elles se lient par des passages insensibles. Ainsi l'on observe au pied du Dreifaltigkeit Berg, au bord de la route d'Antal, un grünstein compacte à pâte grise assez foncée, mais déjà nettement teintée de vert, à cassure esquilleuse; le feldspath est en petites lamelles peu distinctes, d'un blanc verdâtre, un peu cireuses; l'amphibole apparait en petits cristaux noirs, assez nombreux et bien formés. On rencontre exactement la même roche à Steplitzhof dans les travaux du Stefan Gang, au mur de la Morgenkluft. Le grünstein qui encaisse le Spitaler Gang ou les veines qui s'en détachent présente assez fréquemment, avec la texture compacte, une teinte verte assez claire: on trouve par exemple, dans les travaux de l'Elisabeth Schacht, au niveau inférieur, une roche à pâte gris verdâtre, renfermant de petites lamelles feldspathiques striées et quelques cristaux d'amphibole assez mal définis. Ailleurs, la teinte est d'un vert plus clair, l'amphibole est mieux cristallisée, mais les cristaux de feldspath sont rares et à peine distincts. Le grünstein qui constitue les épontes du Theresia Gang, au voisinage de l'Amalia Schacht, au-dessous de la Dreifaltigkeit Erbstollen, présente une pâte d'un beau vert renfermant un grand nombre de petits cristaux d'amphibole hornblende très-nets; on aperçoit çà et là quelques fines lamelles feldspathiques brillantes, mais peu abondantes. (V. l'analyse I, p. 48.)

Du côté d'Hodritsch nous trouvons, parmi les grünsteins quartzifères, des variétés analogues; nous citerons les roches qui forment les parois de la Kaiser Josephi II Erbstollen en aval du Lill Schacht : la pâte est gris clair, légèrement teintée de vert; le feldspath est en lamelles cireuses qui se fondent insensiblement dans la masse; on ne distingue nettement que le mica, de couleur verte, en grosses piles hexagonales, et le quartz qui se montre en grains hyalins épars çà et là, mais petits et rares. (V. l'analyse H, p. 48.)

Enfin l'on voit en quelques points les grünsteins compactes passer peu à peu à la texture porphyroïde, le feldspath se séparant en petits cristaux appréciables et commençant à trancher par sa couleur sur le fond même de la roche. On rencontre par exemple, au treizième étage de l'Andreas Schacht (*), un grünstein à pâte d'un gris verdâtre où le feldspath se montre, partie en lamelles presque indistinctes, partie en très-petits cristaux blanchâtres; on y aperçoit également de petites aiguilles de hornblende. Il en est de même dans les grünsteins de la Pauli Stollen, sur le flanc sud-est du Rumplocka Vrh : ils sont formés d'une pâte grenue vert grisâtre, au milieu de laquelle on remarque quelques petits cristaux blancs, les uns brillants, les autres mats, se fondant à demi dans la masse; on distingue aussi des piles de mica vert et un peu d'amphibole; ce dernier minéral est tantôt en prismes verts, à demi terreux, tantôt il paraît se dissoudre dans la pâte pour y former des taches d'un vert sombre à contour vague. Un peu à l'est de la Pauli Stollen, sur le Hebad Vrh, on rencontre la même roche, mais plus nettement porphyroïde : la pâte est gris

(*) Voir la Pl. VII.

verdâtre, le feldspath est en cristaux blancs, légèrement vitreux, un peu plus nets et plus abondants; on remarque encore quelques taches vert foncé, mais on aperçoit aussi une assez grande quantité de hornblende en aiguilles noires bien formées.

Grünsteins terreux. — Il nous reste à parler maintenant des grünsteins terreux, qui sont extrêmement fréquents dans le massif de Schemnitz; la plupart appartiennent au type porphyroïde. Les grünsteins compactes paraissent résister énergiquement, en général, à l'action des agents atmosphériques et ne se montrent altérés que sur une épaisseur de 2 ou 3 millimètres à partir de la surface; les grünsteins porphyroïdes présentent quelquefois la même résistance à la décomposition, mais plus souvent il faut enlever une croûte terreuse de près d'un centimètre d'épaisseur avant de trouver la roche solide. Enfin il arrive fréquemment que la masse entière présente une altération profonde : la pâte est tendre, se laisse couper au canif, le feldspath est d'un blanc mat, sans éclat, et paraît à demi kaolinisé; cet état semble tenir à la nature même de la roche plutôt qu'à une décomposition progressive, car on trouve encore ici des traces de l'action des agents atmosphériques et l'on voit que, bien que cette action se soit fait sentir plus profondément, elle s'arrête cependant à quelque distance de la surface. On trouve, bien entendu, dans ce groupe comme dans les précédents, une longue série de variations, depuis la roche à peine altérée et encore solide jusqu'aux masses tout à fait terreuses, d'aspect tuffacé, qui tombent en sable ou en poussière sous le marteau.

Nous citerons d'abord les grünsteins qui bordent la route de Windschacht, au-dessus du Max Schacht : la pâte en est d'un gris verdâtre, assez claire, tendre et à demi terreuse; le feldspath se présente en petits cristaux aplatis, d'un blanc tout à fait mat; la hornblende est disséminée dans la masse en fines aiguilles noires, mais sans éclat. Le grünstein de Kopanitz, près Moderstollen, est également à demi terreux : il est composé d'une pâte un peu rude, d'un gris légèrement violacé; le feldspath y est disséminé en cristaux nombreux, de 3 à 4 millimètres de longueur, presque vitreux, d'un blanc mat; quelques-uns offrent des gouttières et des stries très-nettes; l'amphibole se montre en aiguilles bien formées, mais profondément altérées, d'un jaune verdâtre ou ocreuses; on aperçoit en outre beaucoup de mica noir en piles ou en paillettes. (V. l'analyse K, p. 49).

En allant de Schemnitz à Dillen, on rencontre au milieu des tufs qui bordent la route et qui ne sont peut-être que des grünsteins entièrement décomposés quelques masses de roches plus solides, qui rentrent dans le groupe des grünsteins terreux ; la pâte est d'un gris violacé, elle renferme des cristaux de feldspath blanc laiteux, kaolinisés, un peu d'amphibole et du mica, légèrement altérés. Ceux qu'on trouve à la naissance du ruisseau d'Illia, au voisinage des grünsteins compactes, ont subi une altération encore plus profonde : la pâte est vert grisâtre, les cristaux de feldspath sont transformés en kaolin, l'amphibole et le mica ne semblent pas modifiés, mais la masse même de la roche a perdu toute solidité et se désagrége complétement sous le marteau. (V. l'analyse M, p. 49.)

Enfin, au col de Rottenbrunn, on remarque au bord de la route des roches blanches, terreuses, coupées de veines ocreuses, qui ne paraissent, au premier coup d'œil, avoir aucun rapport avec les grünsteins. Cependant, en les examinant de près, on distingue dans la masse grisâtre une foule de petits cristaux blancs, dont quelques-uns sont cariés et désagrégés (V. l'analyse N, p. 49) ; et quand on en casse des blocs un peu gros, on trouve au centre un noyau bleuâtre qui présente tous les caractères d'un grünstein : la pâte en est terreuse, elle est criblée de petits cristaux lamellaires altérés, d'un blanc mat ; çà et là on aperçoit des parties noires cariées, qui semblent les restes des cristaux d'amphibole. Toute la masse est imprégnée de pyrite en grains cristallins excessivement petits. Il faut sans doute rattacher au même groupe les roches feldspathiques qu'on rencontre sur la rive droite de la vallée d'Eisenbach. un peu au-dessous du Rossgrunder Teich; ce sont des roches blanches, argileuses, hachées de fissures en tous sens; on reconnaît dans la masse la trace de petits cristaux feldspathiques complétement cariés; quelques-unes des fissures sont remplies de quartz hyalin cristallisé et de dépôts d'ocre; on y aperçoit parfois des grains de pyrite transformés en oxyde de fer, mais offrant encore des formes cristallines très-reconnaissables.

Les variétés quartzifères présentent aussi quelquefois ces modifications profondes. On en trouve un exemple dans un filon qui coupe la syénite derrière le Leopold Schacht au-dessous d'Hodritsch : sur les bords du filon, le grünstein est compacte, mais au milieu il est altéré et complétement terreux ; les parties encore solides sont formées d'une pâte grisâtre un peu bulleuse et comme scoriacée, renfermant une grande quantité de cristaux feldspathiques d'un blanc mat ; quelques-uns d'entre eux sont moins altérés et ont conservé un certain éclat ; on distingue encore de l'amphibole en prismes, mais devenue terreuse, et des piles de mica vert qui semblent aussi avoir subi un commencement de décomposition ; le quartz seul est resté intact, il est disséminé en grains hyalins dans la masse. Il en est à peu près de même dans les grünsteins quartzifères du Georgstollner Thal : on rencontre au bord du ruisseau et dans son lit, au voisinage du calcaire, une roche blanche divisée en prismes grossiers ; la pâte de cette roche est compacte et assez dure, mais tous les éléments qu'elle renferme sont profondément altérés : le feldspath, répandu dans la masse en cristaux nombreux, est complétement kaolinisé et tombe en poudre sous le canif; les piles de mica, très-abondantes, ont conservé leur structure, mais le mica est devenu jaune paille et tout à fait terreux, il tombe en poussière comme le feldspath. On aperçoit quelques rares aiguilles d'amphibole, transformées en oxyde de fer, et des grains hyalins de quartz, dont quelques-uns renferment dans leur intérieur un petit noyau de feldspath kaolinisé. (V. l'analyse O, p. 49.) Ce grünstein blanchâtre se montre sur une assez grande longueur, mais il est malheureusement impossible, à cause des éboulis qui remplissent le fond de la vallée, de le suivre en aval jusqu'au grünstein solide et de s'assurer s'il y a passage graduel de l'un à l'autre.

Les différentes variétés de grünstein que nous venons de décrire renferment, presque sans exception, un peu de carbonate de chaux. Nous avons signalé dans quelques-unes des veinules de calcite discernables à l'œil nu, mais le plus souvent ce minéral semble disséminé dans toute la masse et sa présence ne se trahit pas à l'extérieur; on ne peut la constater que par l'action des acides et l'on reconnaît que presque tous les grünsteins, traités par l'acide chlorhydrique étendu, donnent une effervescence plus ou moins vive. On a quelquefois indiqué la présence de l'acide carbonique comme un signe de la décomposition de la roche par les agents atmosphériques; mais nous l'avons observée dans des grünsteins parfaitement solides, et ne présentant pas la plus légère altération; il paraît vraisemblable que l'acide carbonique, sans doute combiné à la chaux, entre dans la roche comme élément constitutif et non d'une façon accidentelle. Seuls quelques grünsteins compactes, et particulièrement les grünsteins à pâte tout à fait noire et à demi vitreuse, ne font pas effervescence ou ne donnent qu'un dégagement de gaz à peine sensible.

On rencontre en outre dans un grand nombre de grünsteins de la pyrite de fer, soit en veinules minces, soit disséminée dans la masse sous forme de petits grains bien cristallisés ; on l'observe surtout au voisinage des filons métallifères : les grünsteins qui forment les épontes en sont généralement imprégnés à une assez grande distance. Ils sont de plus coupés de veines nombreuses de quartz et de calcite, et souvent on y trouve des mouches de minerais répandues çà et là dans la masse. Cette imprégnation de pyrite est souvent, avec la présence des veines calcaires ou quartzeuses, la seule modification que présentent les grünsteins au contact des filons métallifères ; ils semblent seulement devenus un peu plus compactes, et quelquefois les lamelles feldspathiques n'y sont presque plus discernables; parfois aussi leur teinte est devenue plus claire, leur pâte est grise ou d'un gris blanchâtre, mais ils ont conservé leur aspect, leur solidité, et l'on ne peut se méprendre sur leur nature. Il en est ainsi, en général, au voisinage des parties plombeuses des filons ; mais dans d'autres cas l'altération est beaucoup plus profonde : la roche est devenue blanche, tendre, et ne ressemble plus à un grünstein. Cependant, en l'examinant avec attention, on reconnaît au milieu de la masse feldspathique, souvent à demi kaolinisée, qui la constitue, des lamelles cireuses d'un blanc jaunâtre et quelquefois, dans les parties un peu plus solides, de petits cristaux brillants, striés. On remarque aussi çà et là des lamelles jaune paille qui semblent tenir la place des aiguilles de hornblende, ou, d'autres fois, de petits cristaux prismatiques, à cassure cireuse, d'un vert pâle, sur lesquels on reconnaît l'angle caractéristique de l'amphibole. Dans toute la masse on aperçoit des grains de pyrite de fer bien cristallisés et des veines de quartz ou de calcite; on y trouve aussi parfois du quartz en grains ronds, mais seulement quand le grünstein solide qu'on trouve à côté appartient aux variétés quartzifères ; enfin l'acide chlorhydrique y produit généralement une légère effervescence. Tous ces caractères prouvent bien qu'on a affaire simplement à des grünsteins, mais à des grünsteins profondément altérés; d'ailleurs, en s'éloignant peu à peu du filon, on passe successivement et par degrés insensibles de la roche argileuse qui forme le remplissage à la roche blanche un peu plus solide qui constitue les épontes et enfin au grünstein inaltéré. On désigne quelquefois ces roches blanches sous le nom de *masse rhyolithique;* elles ont en effet avec les rhyolithes une certaine analogie d'aspect, mais elles en diffèrent par la présence de l'amphibole, par l'absence de l'orthose vitreux et, au point de vue de la composition chimique, par une teneur en silice beaucoup moins élevée. C'est le plus souvent dans les filons argentifères, tels que le Grüner Gang, le Stefan Gang et les parties méridionales du Spitaler Gang et du Biber Gang, qu'on observe cette modification particulière du grünstein.

Composition chimique des grünsteins. — Les grünsteins sont assez constants dans leur composition, comme on va le voir par le tableau suivant; les analyses sont portées sur ce tableau à peu près dans l'ordre où nous avons décrit les roches dont elles donnent la composition : grünsteins porphyroïdes, grünsteins compactes, puis grünsteins terreux et, pour finir, les grünsteins altérés qu'on rencontre au voisinage des filons.

Nous indiquons, pour chaque échantillon analysé, s'il fait avec les acides une effervescence plus ou moins vive, les dosages d'acide carbonique faits sur G, L et O pouvant servir de points de comparaison. Le soufre a été dosé dans presque tous les échantillons renfermant de la pyrite, ainsi que l'acide sulfurique provenant de l'oxydation de cette pyrite ; mais la perte au feu comprenant la plus grande partie du soufre et de l'acide sulfurique, nous avons mis ces chiffres à part, pour ne pas compter deux fois les mêmes éléments dans la somme (*).

(*) Ces analyses, comme toutes celles dont nous n'indiquons pas

	A	B	C	D	E	F	G	H	I
SiO^3	57,00	55.75	60,50	56.25	53,25	55,75	58,00	58,75	55.75
Al^2O^3	19,05	16.48	18,13	18.37	19,55	18,38	17,38	17,75	20.12
Fe^2O^3	5,19	6,50	4,79	6,62	8.58	9.37	5,87	3,67	7,38
CaO	5,25	6.00	4,25	6,50	8,00	7,50	7,75	4,50	4,00
MgO	2,75	2,00	2.20	2.02	2,84	1.92	2,46	tr. faibles	3,67
KO	2,45	2.07	1.90	1,49	0,49	0,92	1,48	3,96	2,36
NaO	4,67	3,08	4,02	4,01	3,31	3,85	3.17	3,92	3,40
Perte au feu	3,75	8,50	4,50	5,00	3.75	2,00	2,62	8,25	3,62
CO^2	....	....	....	....	....	....	(1,18)		
Somme	100,11	100,38	100.29	100,26	99,77	99,69	98,73	100,80	100,30
Effervescence	Assez vive.	Vive.	Assez vive.	Assez vive.	Assez vive.	Assez faible.	Faible	Assez vive.	Très-faible.

Grünsteins porphyroïdes :

A. Grünstein du Paradeisberg, au bord de l'Ottergrunder Teich.

B. Grünstein de la route d'Hodritsch, un peu au-dessous du col de Rottenbrunn.

C. Grünstein du Georgstollner Thal.

D. Grünstein de la route de Windschacht, près de l'Andreas Schacht.

Grünsteins compactes :

E. Grünstein violacé du Georgstollner Thal.

F. Grünstein noir de la vallée d'Eisenbach, entre le Rossgrunder Teich et Schüttersberg.

G. Grünstein noir près des étangs de Windschacht.

H. Grünstein quartzifère de la Kaiser Josephi II Erbstollen, en aval du Lill Schacht.

I. Grünstein au toit du Theresia Gang; Amalia Schacht, troisième étage.

---

les auteurs, ont été faites par l'un de nous, au laboratoire de l'École des mines.

	K	L	M	N	O	P	Q
SiO^3	58,25	52,25	53,25	68,50	66,25	61,75	55,00
Al^2O^3	18,21	17,42	17,31	18,75	19,50	17,77	22,50
Fe^2O^3	4,53	6,32	6,59	tr. faibles	tr. faibles	3,72	4,25
CaO	4,87	7,75	6,75	0,11	4,75	0,75	2,00
MgO	1,27	3,71	2,18	0,18	traces	traces	»
KO	2,48	1,43	0,57	2,68	2,03	2,11	1,03
NaO	4,12	3,46	2,50	1,95	0,91	1,32	2,01
Perte au feu	6,12	8,00	10,25	8,00	7,00	11,12	11,37
CO^2	.....	(2,83)	....	.....	(2,45)		
Somme	99,85	100,34	99,50	100,17	100,44	98,54	98,19
Effervescence.	Assez vive.	Vive.	Assez vive.	Nulle.	Vive.	Nulle.	Nulle.
S. répondant à FeS^2	.....	.....	.....	0,72	.....	3,73	0,98
FeS^2	.....	.....	.....	1,33	.....	6,89	1,81
SO^3 tout formé	.....	.....	.....	0,60	.....	3,61	0,51

Grünsteins terreux :

K. Grünstein à demi terreux, de Kopanitz, près Moderstollen.

L. Grünstein terreux d'Eisenbach, en filon dans le conglomérat nummulitique.

M. Grünstein terreux entre le Reichauer Teich et la vallée d'Illia.

N. Grünstein terreux blanc du col de Rottenbrunn.

O. Grünstein quartzifère terreux du Georgstollner Thal.

Grünsteins altérés au voisinage des filons :

P. Grünstein altéré, encaissant le Spitaler Gang; Carl Schacht.

Q. Grünstein altéré, du Grüner Gang; Franz Schacht, entre le cinquième et le sixième étage.

On voit que la teneur en silice est presque toujours comprise entre 53 et 58 p. 100, sauf dans les cas d'altération, et l'on peut remarquer qu'il n'y a, au point de vue chimique, aucune distinction à établir entre les variétés porphyroïdes et les variétés compactes. La différence entre ces deux variétés doit tenir simplement aux conditions dans lesquelles s'est faite la solidification, et elles alternent si fréquemment qu'on ne pouvait que s'attendre à ce résultat. Nous voyons qu'il paraît en être à peu près de même pour les variétés quartzifères et que l'échantillon H se distingue à peine des variétés sans quartz; il renferme seulement un peu plus de potasse. Seul l'échantillon C se distingue des autres par une quantité de silice un peu plus forte : nous ferons observer que, dans cet échantillon, l'amphibole est tendre, de couleur verte, et paraît remplacée en grande partie par un élément feldspathique.

Si nous passons de là aux grünsteins terreux de Rottenbrunn et du Georgstollner Thal, nous y trouvons une proportion de silice bien supérieure à celle de tous les autres échantillons; cette transformation résulte de la kaolinisation du feldspath de la roche et de la disparition d'une partie des alcalis, principalement de la soude, comme le montrent les chiffres que nous venons de citer. Nous avons dit que les blocs un peu volumineux de la roche blanche du col de Rottenbrunn présentaient au centre un noyau bleuâtre moins altéré; l'altération y est aussi moins profonde au point de vue chimique, car ces parties bleues renferment seulement 66,25 p. 100 de silice au lieu de 68,50; il est à remarquer aussi que la croûte blanche renferme une proportion appréciable d'acide sulfurique combiné sans doute à de l'alumine et à du fer. Le grünstein qui encaisse le Spitaler Gang au Carl Schacht a également subi une altération de la même nature, disparition d'une partie de la soude et enrichissement en silice ; il renferme du sulfate d'alumine et de fer (*céramohalite*) en aiguilles cristallines.

Quant aux roches blanches du Grüner Gang, nous constatons au contraire qu'elles ne renferment pas plus de silice que les grünsteins normaux : un autre échantillon, provenant d'un point différent, nous a donné 54,75 p. 100 de silice. Il y a eu seulement enlèvement d'une portion des alcalis et enrichissement en alumine. Mais, dans tous les cas, les résultats de l'analyse prouvent bien que nous avons affaire à un grünstein véritable et non point à une roche rhyolithique, comme on peut le vérifier par les analyses des rhyolithes d'Eisenbach et de la Clotilde Kluft (*).

(*) Voir plus loin, p. 74 et 75.

Les analyses dont nous venons de donner le tableau nous fournissent en outre une première indication sur la nature du feldspath qui entre dans la composition des grünsteins; en effet, l'oligoclase ne renfermant pas moins de 60 à 64 p. 100 de silice, la teneur en silice des grünsteins devrait être plus élevée s'ils étaient réellement constitués par de l'oliglocase. Des analyses spéciales ont été faites, d'ailleurs, pour éclaircir la question : la première est due à M. Ch. Sainte-Claire Deville; elle a porté sur des cristaux de feldspath isolés d'un échantillon de grünstein du Paradeisberg; elle a donné les résultats suivants (*) :

SiO^3	53,92
Al^2O^3	26,69
FeO	1,08
CaO	6,98
MgO	1,68
KO	1,20
NaO	4,02
HO	1,40
CO^2	2,93
	99,90

On voit que les cristaux eux-mêmes renferment de l'acide carbonique. Les chiffres qui précèdent avaient conduit, en tenant compte de la proportion de carbonate de chaux indiquée par l'analyse, à rapporter ce feldspath à l'andésine. Depuis cette époque, M. K. v. Hauer a fait au laboratoire de l'Institut géologique de Vienne des analyses très-nombreuses sur des grünsteins et des dacites de la Transylvanie (**) ; nous ne citerons ici que celles qui sont relatives à de vrais grünsteins de composition semblable à ceux qui nous occupent.

(*) *Bull. de la Soc. géol. de France*, t. VI. 1849, p. 410-412.
(**) *Verhandlungen der k. k geol. Reichsanstalt*, 1867.

	a	*b*	*c*
SiO^3.	54,72	54,63	53,65
Al^2O^3.	27,39	26,33	28,41
CaO.	7,76	7,79	11,14
MgO.	»	0,36	0,16
KO.	2,01	0,65	1,83
NaO.	6,06	8.62	4,07
Perte au feu.	0.55	0.45	1,73
Somme. . . .	98,49	98,83	100,99

a. Feldspath d'un grünstein de Pereu Vitzeluluj. (La roche renferme 60,01 p. 100 de silice.)

b. Feldspath d'une dacite de Kuretzel. (La roche renferme 59,70 p. 100 de silice.)

c. Feldspath d'une dacite de Colzu Csoramuluj. (La roche renferme 59,41 p. 100 de silice.)

Les rapports entre les quantités d'oxygène des protoxydes, des sesquioxydes et de la silice sont, pour ces analyses :

a. . . . . . . 1,00 : 3,00 : 6,80
b. . . . . . . 1,14 : 3,00 : 7,11
c. . . . . . . 1,04 : 3,00 : 6,47

Ils sont intermédiaires entre les chiffres caractéristiques du labrador et ceux de l'andésine, mais se rapprochent plus pourtant du rapport 1 : 3 : 6 que du rapport 1 : 3 : 8. Les analyses elles-mêmes présentent avec les analyses de labrador citées par M. Des Cloizeaux (*) une ressemblance frappante, tandis que l'andésine se distingue par une proportion de silice beaucoup plus considérable. Enfin M. Des Cloizeaux indique l'andésine comme à peine attaquable par les acides; les cristaux de feldspath isolés de nos échantillons se sont au contraire laissé attaquer en grande partie et nous ont donné exactement les mêmes résultats que des cristaux de labrador essayés comparativement. Nous pensons donc que c'est au labrador qu'il faut rapporter les cristaux de feldspath des grünsteins, bien plutôt qu'à l'an-

(*) Des Cloizeaux. *Manuel de minéralogie*, t. I, p. 306.

désine, dont l'existence, d'ailleurs, est encore un peu problématique.

Remarquons seulement, dans les analyses de M. K. v. Hauer, que les cristaux de feldspath analysés se trouvent tous renfermer moins de silice que la roche dont ils ont été extraits; il faudrait donc qu'il y eût dans la pâte de la roche un élément plus acide, que l'examen minéralogique ne permettait pas d'apercevoir. Cet élément est probablement de l'orthose, car M. K. v. Hauer cite une dacite de Rogosel, en Transylvanie, dans laquelle on a trouvé des lamelles rosées non striées; l'analyse de ces lamelles, isolées le plus soigneusement possible, a donné une teneur en silice de 69,05 p. 100 et les rapports 0,7 : 3,0 : 12,7, qui caractérisent précisément l'orthose.

Structure des grünsteins. — Le grünstein forme en général des masses arrondies en forme de dômes, comme nous l'avons indiqué en commençant, et quand on observe le pays du haut du Szittna, on peut, à leur aspect seul, reconnaître les montagnes constituées par cette roche. Les grünsteins sont d'ordinaire coupés de grandes fentes verticales ou fortement inclinées qui leur donnent parfois l'apparence de couches relevées; on remarque presque toujours deux systèmes de plans de division, faisant entre eux un angle voisin de 90° et différemment inclinés. Beudant, considérant les grünsteins comme appartenant aux terrains sédimentaires, s'était attaché à relever l'orientation et le pendage de ces plans de division; mais, tout en cherchant à les grouper suivant un certain nombre de directions principales, il avait été obligé de reconnaître que la *stratification* était excessivement irrégulière (*). En effet l'on voit, en parcourant le pays, que l'inclinaison de ces plans est, ainsi que leur orientation, on ne peut plus variable et qu'elle change avec la plus grande rapidité d'un point à un autre.

(*) Beudant, *loc. cit.*, t. III, p. 103.

Les variétés terreuses n'offrent pas tout à fait la même structure, elles sont en général coupées de fentes beaucoup plus nombreuses et moins régulières.

Une seule fois nous avons observé la division en prismes, c'est dans les grünsteins quartzifères terreux du Georgstollner Thal : toute la masse de la roche est décomposée en prismes pentagonaux ou hexagonaux plus ou moins réguliers, de $0^m,25$ environ de diamètre, légèrement inclinés. Ces prismes se brisent facilement perpendiculairement à leur axe et montrent dans leur cassure une série de zones concentriques diversement colorées, grises, ocreuses ou tout à fait blanches; la couche extérieure, altérée à l'air, a toujours une teinte ocreuse très-prononcée.

Quelquefois les grünsteins solides présentent dans leur structure un phénomène remarquable : on aperçoit sur la cassure de la roche un certain nombre de boules assez bien formées, de 15 à 25 millimètres de diamètre, disposées irrégulièrement. Les unes sont presque complétement engagées dans la masse, d'autres sont à demi dégagées et l'on voit çà et là les empreintes en creux de celles qui sont restées adhérentes à la contre-partie de l'échantillon. Ces boules sont assez solidement enchâssées dans la pâte de la roche et ne se laissent détacher qu'au marteau. Le grünstein qui présente ce mode de division est à texture prophyroïde; la pâte est verte, criblée de petits cristaux de feldspath légèrement vitreux, d'un blanc mat; on distingue quelques rares prismes d'amphibole d'un vert foncé et de très-petits grains de fer oxydulé. Les boules n'ont pas une structure radiée, mais elles montrent dans leur cassure une teinte plus foncée; la pâte en est beaucoup plus compacte, plus dure, d'un vert noirâtre; on y voit quelques lamelles feldspathiques brillantes, de petits cristaux d'amphibole à demi fondus dans la pâte et formant des taches noires, et du fer oxydulé en assez grande quantité. Ces boules semblent donc résulter de la concentration sur certains points d'un des éléments de la roche, l'amphibole; c'est un phénomène analogue à celui qui se produit parfois dans la dévitrification du cristal, où l'on voit la masse encore transparente criblée de petites boules opaques d'un blanc mat. Les grünsteins qui présentent ce phénomène sont désignés à Schemnitz sous le nom de *Kugeldiorit;* on les connaît en deux ou trois points, par exemple au Stefan Schacht et aux environs de l'Andreas Stollen.

On a rencontré dans les grünsteins (*), au vingt et unième étage de l'Andreas Schacht, à 290 mètres environ de profondeur, une petite couche de charbon fossile, de $0^m,10$ à $0^m,15$ d'épaisseur : on l'a suivie sur une longueur d'une dizaine de mètres et l'on a vu qu'elle finissait par se diviser en veinules minces et par disparaître ; elle était enveloppée de grünstein terreux, imprégné lui-même de substance charbonneuse. Ce charbon était analogue, partie au lignite, partie au charbon de bois; on y reconnaissait encore la texture du bois, qui paraissait appartenir à la famille des conifères. Il paraît probable que ce sont des troncs d'arbres qui auront été empâtés par le grünstein lors de sa venue au jour.

Mentionnons encore l'intéressant gisement d'agalmatolithe de la galerie dite *Kronprinz Ferdinand Erbstollen*, près de Dillen : cette galerie a coupé d'abord les grünsteins, puis les calcaires qui affleurent au Georgstollner Thal, et au contact de ces deux roches on a trouvé un amas d'une matière terreuse blanche, coupée de veines plus solides formées d'une substance verte ou jaune verdâtre à éclat cireux. La masse blanche renferme une grande quantité de cristaux translucides, incolores ou violacés, qui ne se laissent détacher qu'avec difficulté. Ces cristaux sont généralement un peu fendillés et assez fragiles; ils appartiennent au système du prisme droit à base carrée et ont été reconnus pour du diaspore, répondant exactement à la

(*) M. V. Lipold, *loc. cit.*, p. 345.

formule Al^2O^3, HO. M. Karafiat a analysé la matière au milieu de laquelle se trouvent ces cristaux (*) et il a constaté qu'elle avait une composition très-différente de celle des veines cireuses vertes qui la traversent. Voici les résultats qu'il a trouvés :

	Matière verte cireuse.	Masse terreuse blanche.
SiO^3	49,50	22,40
Al^2O^3	27,45	56,40
FeO	1,03	traces
MnO	traces	traces
CaO	5,56	traces
MgO	0,72	0,44
Alcalis	10,20	traces
HO	5,10	21,13
	99,56	100,37

Ces analyses ont montré que la substance verte devait être rapportée à l'agalmatolithe, dont la composition est représentée par la formule KO, $SiO^3 + 2(SiO^3, 2Al^2O^3) + 3$ HO. Quant à la matière blanche, sa composition n'étant celle d'aucun minéral connu, M. Haidinger lui a donné le nom de *dillénite;* l'analyse que nous venons de citer conduit à la formule SiO^3, $2\,Al^2O^3 + 4$ HO. Outre le diaspore, on rencontre dans la masse des nids de pyrite de fer en grains cristallins et quelquefois, paraît-il, de la fluorine. Aujourd'hui cet amas est exploité d'une façon régulière pour la fabrication des briques réfractaires.

Age des grünsteins. — Nous avons parlé plus haut, en décrivant les différentes variétés de grünstein, des filons formés par cette roche au milieu des syénites et des schistes; ces filons sont assez nombreux : on en rencontre une douzaine dans la vallée d'Hodritsch; les uns sont visibles à la surface; d'autres n'ont été reconnus encore que dans la

(*) W. Haidinger. *Berichte über die Mittheilungen von Freunden der Naturwissenschaften.* Vienne, 1850, t. VI, p. 55.

mine, et peut-être n'arrivent-ils pas jusqu'au jour. Ces filons ont une puissance très-variable, depuis 50 à 60 centimètres jusqu'à 2 ou 3 mètres et plus ; les uns sont composés de grünstein solide, les autres présentent des parties terreuses complétement altérées. Ils ne paraissent avoir exercé sur la syénite aucune action de métamorphisme, car dans tous ceux que nous avons observés, nous avons toujours trouvé au contact même la syénite absolument intacte et se présentant sous son aspect habituel. Dans la vallée d'Eisenbach on connaît aussi quelques filons de grünstein plus ou moins quartzifère, mais ils sont assez difficiles à trouver à la surface ; nous en avons observé trois dans les travaux de la Kreuz-Erfindungs Erbstollen ; cette galerie recoupe les gneiss, puis les schistes, les quartzites et les aplites et pénétre au delà dans la syénite à grain fin ; les filons dont nous parlons coupent les schistes et les quartzites ; leur puissance est de 1 mètre à 1m,50, et, comme pour ceux d'Hodritsch, la roche encaissante n'a subi aucune altération. Tous ces filons sont à peu près parallèles entre eux et dirigés N. 15° à 20°.

Ils donnent sur l'âge des grünsteins une première indication et prouvent qu'ils sont postérieurs aux syénites et aux roches dévoniennes ; du reste, on peut tirer la même conclusion des relations de superposition qu'on observe à Hodritsch et à Eisenbach, où les travaux souterrains ont fait reconnaître que les syénites et les schistes s'enfoncent sous les grünsteins et ont été recouverts par eux ; nous avons cité l'un des points où ce fait est le plus évident, le Zipser Schacht, en amont d'Hodritsch. Mais ce n'est là *qu'une limite inférieure* qui laisserait planer sur l'âge des grünsteins une grande incertitude, si l'on n'avait d'autres données pour trancher la question ; c'est le lambeau de conglomérat nummulitique d'Eisenbach qui nous les fournit. Ces conglomérats forment au bord de la route un petit escarpement au milieu duquel on observe deux filons de grünstein parfaitement caractérisé ; ces filons ont une cinquantaine de centimètres de puissance ; ils sont inclinés en sens contraires et se réunissent vers le haut. Ils sont formés en grande partie d'un grünstein terreux à pâte jaunâtre un peu ocreuse, criblée de petits cristaux feldspatiques cireux, opaques ; on remarque quelques aiguilles de hornblende et du mica noir. (V. l'analyse L, p. 49.) Mais on trouve aussi des parties tout à fait solides, constituées par un grünstein compacte à pâte noire ; on y voit de fines lamelles feldspathiques brillantes, d'un blanc verdâtre, dont quelques-unes sont nettement striées, et de petits cristaux d'amphibole à demi fondus dans la masse. Quelques pas plus loin, de l'autre côté d'une petite gorge qui vient déboucher dans la vallée d'Eisenbach, on retrouve les conglomérats recouverts par une roche terreuse, tantôt blanchâtre, tantôt ocreuse, qui paraît être du grünstein tout à fait décomposé ; elle est, en effet, peu différente du grünstein terreux des filons que nous venons de citer et, de plus, on remarque, à son contact avec les calcaires nummulitiques, que ceux-ci ont éprouvé une altération sensible : ils se montrent bulleux et comme scoriacés sur une faible épaisseur, il est vrai, un centimètre environ, et paraissent avoir été cuits par le grünstein au moment de son arrivée. Des tufs trachytiques, qui sont la seule roche qu'on puisse confondre avec celle qui nous occupe, n'auraient pas produit un pareil effet, et nous pouvons conclure que celle-ci est bien un grünstein terreux. D'ailleurs, en gravissant la pente qui borde la vallée, on ne tarde pas à rencontrer les grünsteins solides succédant à ces roches blanches et recouvrant par conséquent aussi les couches à nummulites.

Les faits que nous venons de citer fixent d'une façon à peu près complète l'âge des grünsteins : en effet, ils sont antérieurs aux trachytes, dont les tufs sont intercalés au milieu des couches miocènes. Ils sont compris par conséquent entre deux limites fort rapprochées, et l'on peut conclure que c'est vers la fin de l'époque éocène ou le commencement de l'époque miocène qu'ont eu lieu les grandes éruptions de grünstein de Schemnitz et des environs.

Quant à établir entre les différentes variétés de grünstein des différences d'âge, nous avons dit plus haut qu'il n'y avait absolument pas lieu de le faire : ces variétés passent les unes aux autres par des degrés tout à fait insensibles, et l'on voit quelquefois un même bloc présenter à ses deux extrémités des roches d'aspect très-différent, se liant l'une à l'autre entre ces deux points par une variation lente dans le mode de groupement des éléments. Les variétés quartzifères nous paraissent se lier également aux variétés sans quartz par une série continue, les roches où l'on voit seulement un ou deux grains de quartz formant le passage entre celles qui en renferment une forte proportion et celles qui en sont tout à fait dépourvues ; c'est ainsi que dans la Kaiser Josephi II Erbstollen, en amont du Zipser Schacht, on voit, en avançant vers Schemnitz, le quartz devenir excessivement rare. On n'a d'ailleurs, malgré l'énorme développement des travaux souterrains, jamais rencontré de filons de grünstein quartzifère dans les grünsteins sans quartz, comme cela serait sans doute arrivé si les grünsteins quartzifères étaient plus récents que les autres. Il est à remarquer que les variétés quartzifères occupent en général le bord de la masse de grünstein et peut-être la présence du quartz est-elle liée à cette disposition ; il n'est pas impossible, en effet, que le quartz ait été enlevé en profondeur aux roches plus anciennes que les grünsteins ont traversées : le granite, par exemple, aurait pu céder ainsi son quartz, les autres éléments se dissolvant dans la masse en fusion et le quartz restant en grains isolés. Mais bornons-nous à indiquer cette répartition des grünsteins quartzifères à la limite septentrionale du massif, sans insister sur une hypothèse qu'on ne peut appuyer sur rien de positif. Il est probable que la continuation des travaux de la Kaiser Josephi II Erbstollen tranchera un jour définitivement la question de l'âge relatif de ces deux roches, en montrant entre elles une séparation nette ou plus probablement un passage insensible, comme cela nous paraît certain d'après ce que nous avons observé.

TRACHYTES. — Les roches trachytiques forment autour des formations que nous venons de décrire une ceinture à peu près continue : on peut dire qu'en gros les masses de trachyte solide sont disposées sur le bord extérieur d'une grande ellipse dont le grand axe, dirigé N. 20°, aurait environ 40 kilomètres de longueur et le petit axe 20 kilomètres. Kremnitz et Pukantz seraient placés aux extrémités du grand axe et Dillen à l'extrémité orientale du petit axe. Les tufs trachytiques se trouvent à l'intérieur de l'ellipse, mais ils en franchissent les bords sur un grand nombre de points. De même les trachytes solides ne se montrent pas exclusivement en dehors du contour que nous venons d'indiquer ; on les retrouve aussi, moins développés il est vrai, à l'intérieur, et particulièrement sur la rive gauche de la Gran, depuis l'embouchure du ruisseau d'Eisenbach jusqu'en aval du Reichauer Thal. On distingue parmi les trachytes deux variétés principales, le trachyte gris ou andésite et le trachyte proprement dit qui est généralement accompagné de tufs très-développés, partie éruptifs, partie sédimentaires.

Trachyte gris. — Le trachyte gris forme, au sud de Schemnitz, le chaînon du Szittna ; c'est le seul point où il se montre dans le terrain qui nous occupe, mais on le retrouve sur la rive droite de la Gran, sur le bord occidental de la grande ellipse dont nous avons parlé, constituant les masses du Ptacnjk Vrh et de l'Inowec. Beudant lui a donné le nom de *trachyte porphyroïde* et l'a décrit comme composé de feldspath et de pyroxène. D'après M. F. v. Andrian, qui le désigne sous le nom d'*andésite amphibo-*

lique, l'amphibole s'y montrerait beaucoup plus fréquemment que le pyroxène et ce dernier minéral ferait souvent complétement défaut ; il cite cependant quelques points où le trachyte gris est essentiellement pyroxénique, par exemple dans le massif du Ptacnjk Vrh. Les trachytes que nous avons observés au Szittna sont dans ce cas : ils appartiennent au groupe des *andésites pyroxéniques*.

La roche qui constitue le sommet de la montagne est formée d'une pâte grise, foncée, demi-cristalline, composée principalement de feldspath ; cette pâte renferme une grande quantité de cristaux de feldspath vitreux d'un blanc mat, variant comme grosseur entre 2 et 6 millimètres ; la plupart présentent une cassure tout à fait irrégulière ; cependant on trouve sur quelques-uns d'entre eux des facettes de clivage nettement striées. Ce feldspath s'attaque assez facilement par l'acide chlorhydrique, et des essais comparatifs que nous avons faits avec de l'oligoclase et du labrador nous ont montré que c'est au labrador qu'il faut le rapporter. On voit en outre beaucoup de cristaux noirs, prismatiques, les uns excessivement petits, à faces très-nettes, d'autres atteignant une longueur de 8 à 9 millimètres et une largeur de 5 millimètres, mais couverts d'un enduit jaunâtre. Tantôt ils montrent leurs faces naturelles à demi dégagées, tantôt ils sont brisés et leur cassure est d'un noir terne. Tous ces cristaux ont les angles du pyroxène et quelques-uns sont assez nets pour qu'on puisse reconnaître les faces M, g^1, h^1 et e^1. Enfin l'on distingue quelques rares paillettes de mica bronzé. La pâte de la roche offre, surtout autour des gros cristaux d'augite, une quantité de petites cavités irrégulières, tapissées d'un enduit jaune paille ; on y aperçoit presque toujours de la *tridymite* en petites lamelles hexagonales excessivement minces, les unes transparentes, les autres d'un blanc un peu mat, qui paraissent légèrement altérées. Ce minéral, sur la composition duquel on n'est pas encore complétement fixé, n'a été signalé jusqu'ici qu'au Mexique, au Drachenfels et au Mont-Dore ; il s'y montre dans des circonstances identiques à celles que nous venons d'indiquer, et il est présumable que des recherches attentives le feraient découvrir dans d'autres localités.

Au bas des escarpements qui couronnent la montagne, le trachyte est beaucoup plus compacte qu'au sommet ; la pâte est plus foncée, les cristaux de feldspath sont beaucoup moins nombreux et la masse ne présente plus aucune cavité. Le pied même du Szittna est complétement couvert de formations tuffacées dont nous parlerons plus loin et l'on ne voit plus nulle part affleurer la roche solide.

M. v. Sommaruga (*) a analysé un échantillon de trachyte gris provenant du chaînon du Szittna ; il a obtenu les résultats suivants :

SiO^3	58,92
Al^2O^3	20,75
FeO	8,86
CaO	4,05
MgO	1,22
KO	3,97
NaO	traces
MnO	traces
Perte au feu	1,80
	99,55

Le poids spécifique de la roche est de 2,72.

Les chiffres que nous venons de citer montrent que, comme dans les grünsteins, la pâte de la roche doit renfermer un élément feldspathique autre que le labrador et plus acide, car sans cela la masse ne pourrait avoir une teneur en silice aussi élevée ; il est probable, d'après la forte proportion de potasse décelée par l'analyse, que ce feldspath est de l'orthose.

(*) F. v. Andrian, *loc. cit.*, p. 380.

Le trachyte gris résiste énergiquement à l'action des agents atmosphériques; c'est à peine s'il présente à la surface une légère altération, qui ne s'étend pas à plus d'un quart de millimètre vers l'intérieur de la roche. Il forme au sommet du Szittna de grands escarpements, sur lesquels on peut étudier facilement sa structure : il est coupé par des plans verticaux diversement orientés, qui le divisent en tours ou en aiguilles quadrangulaires du plus grand effet. Ces aiguilles présentent le plus souvent à leur sommet une table tout à fait plane, résultant du fissurement de la roche suivant des plans horizontaux. Ces escarpements, qui bordent le sommet de la montagne de trois côtés différents, au nord, à l'ouest et au sud, ont environ 60 à 80 mètres de hauteur; entre les aiguilles sont creusés de profonds couloirs remplis d'une magnifique végétation alpestre, mais absolument inaccessibles. On ne peut arriver au sommet du Szittna que par la pente gazonnée qui en forme la partie orientale ou bien du côté de l'ouest à l'aide d'un petit escalier en bois accroché à la paroi des rochers et dont l'ascension présente des passages on ne peut plus pittoresques.

Trachyte proprement dit. — Les vrais trachytes se montrent très-développés à l'est de Schemnitz. Ce sont eux qui forment, comme nous l'avons indiqué, les croupes basses qui s'élèvent entre Illia et Steplitzhof; si de là nous remontons vers le nord, nous les trouvons sur les deux rives de la vallée d'Antal, puis à Giesshübel et enfin tout le long de la vallée de Kozelnik, dont ils constituent les flancs depuis Dillen jusqu'à la Gran. On les rencontre encore à l'ouest sur la rive gauche de la Gran, au-dessous d'Eisenbach et d'Unter-Hammer.

Ils sont assez constants comme aspect et comme composition; Beudant y avait distingué cependant deux variétés, le *trachyte micacé amphibolique* et le *trachyte granitoïde;* mais ces deux variétés sont peu différentes et l'on passe insensiblement de l'une à l'autre. Le trachyte du Tarci Vrh, au-dessus d'Illia, appartient au premier de ces deux types; il est formé d'une pâte feldspathique cristalline, gris verdâtre, avec quelques veines d'un brun clair. Cette pâte est criblée de cristaux de feldspath vitreux, en forme de tables, de dimensions variables; les plus gros ne dépassent guère 5 ou 6 millimètres de longueur; ils sont d'un blanc un peu jaunâtre, translucides, et présentent une cassure tout à fait irrégulière; on y voit pourtant quelquefois des facettes de clivage, sur lesquelles on distingue les gouttières ou les stries des feldspaths du sixième système; une analyse que nous citerons plus loin a montré que c'est du labrador. Tous ces cristaux sont solidement enchâssés dans la pâte et se brisent quand on veut les en détacher. On remarque de plus une assez grande quantité d'amphibole hornblende et de mica noir : l'amphibole est disséminée dans la masse sous forme de petites aiguilles de 2 à 5 millimètres de longueur et un millimètre de diamètre; çà et là on en voit de plus grosses, atteignant 5 millimètres d'épaisseur; elles sont généralement clivées et brillent d'un vif éclat; le mica se présente en paillettes ou en piles hexagonales. On trouve parfois à côté du trachyte normal que nous venons de décrire des trachytes à pâte tout à fait verte, colorés par un silicate de fer analogue à la glauconie; les cristaux de feldspath ne participent pas de la couleur de la pâte et se détachent plus nettement sur le fond de la roche; ces parties vertes ne présentent d'ailleurs aucune particularité, si ce n'est qu'elles sont souvent un peu altérées : les cristaux de feldspath deviennent mats et opaques et se laissent détacher sans difficulté. Enfin l'on trouve souvent au milieu de ces trachytes des nids ou des veines de jaspe-opale d'un gris jaunâtre à éclat cireux; au voisinage des parties vertes, ce jaspe se charge lui-même de silicate de fer et prend une teinte d'un vert sale.

En descendant du Tarci Vrh dans la vallée d'Illia, on

ne retrouve le trachyte à nu que sur les bords du ruisseau et au fond de son lit; mais ici c'est la variété que Beudant a nommée trachyte granitoïde: l'amphibole et le mica sont un peu moins abondants et la pâte de la roche est plus nettement cristalline; la pâte est jaunâtre ou rosée et l'on ne peut, sur les éléments qu'on y distingue, découvrir aucune strie; en revanche les cristaux de feldspath vitreux offrent des stries d'une netteté remarquable. La teinte générale de la roche est beaucoup plus claire qu'au Tarci Vrh et l'on y observe parfois un peu de quartz en petits grains gris, hyalins.

Dans la vallée de Kozelnik, au-dessous de Dillen, nous retrouvons exactement les mêmes roches, à pâte plus ou moins foncée et plus ou moins riches en amphibole et en mica; quelquefois elles sont fortement altérées et deviennent terreuses : les cristaux de feldspath se montrent alors d'un blanc mat et à demi kaolinisés; le mica et l'amphibole ont perdu leur éclat et sont aussi en partie décomposés.

M. K. v. Hauer a analysé le trachyte du Tarci Vrh (*); il a obtenu :

SiO^3	62,45
Al^2O^3	16,65
FeO	6,21
CaO	4,88
MgO	2,02
KO	2,53
NaO	4,35
Perte au feu	1,95
	101,04

Il a fait également l'analyse des cristaux de feldspath qu'on y rencontre, et il y a trouvé 55,07 p. 100 de silice avec une forte proportion de chaux, ce qui correspond à la

(*) *Verhandlungen der k. k. geol. Reichsanstalt*, 1869, p. 50.

composition du labrador. Nous avons d'ailleurs vérifié que le feldspath vitreux du Tarci Vrh s'attaque par les acides beaucoup plus facilement que de l'oligoclase et présente à ce point de vue tous les caractères du labrador. Si nous revenons maintenant à l'analyse de la roche en masse, nous voyons bien, par la forte teneur en silice, que la pâte doit renfermer de l'orthose, ce que l'examen minéralogique ne permettait pas d'affirmer d'une façon positive.

Nous devons mentionner avec les trachytes une roche qui se montre dans la vallée de Dillen sur la rive gauche, un peu au-dessus du nouvel atelier de préparation mécanique. La pâte de cette roche est grise, serrée, à demi terreuse ; elle renferme un assez grand nombre de cristaux de feldspath vitreux, transparents et à facettes striées ; quelques-uns de ces cristaux sont altérés et se détachent nettement par leur couleur blanc mat sur le fond gris de la roche. L'amphibole et le mica sont tous deux profondément modifiés : les aiguilles d'amphibole sont devenues terreuses, d'une couleur grisâtre ou ocreuse ; le mica, devenu d'un brun rougeâtre, est presque méconnaissable. Enfin l'on aperçoit çà et là quelques grains de quartz hyalin. La masse de la roche est coupée de veines brunes, ferrugineuses, extrêmement nombreuses ; dans ces veines on trouve parfois des aiguilles de laumonite. La présence du quartz dans cette roche pourrait la faire prendre pour une rhyolithe, mais elle diffère des rhyolithes par la présence d'un feldspath strié et, au point de vue chimique, par sa faible teneur en silice : elle renferme en effet 57 p. 100 de silice et 5,5 p. 100 d'eau, tandis que les rhyolithes renferment une quantité de silice beaucoup plus forte et une proportion d'eau sensiblement moindre. La roche qui nous occupe est, en somme, un trachyte demi-terreux ; d'ailleurs nous avons vu que les trachytes d'Illia renfermaient déjà une petite quantité de quartz libre. Ce trachyte terreux passe, par suite sans doute d'une altération encore plus profonde, à une roche tout à fait blanche renfermant des cristaux de feldspath opaques, d'un blanc laiteux et en partie cariés; la roche humide exhale une odeur argileuse prononcée.

Les trachytes renferment parfois des fragments des roches plus anciennes qu'ils ont traversées : ainsi nous avons trouvé dans les trachytes de Dillen un galet de grünstein porphyroïde empâté dans la masse ; ce grünstein était formé d'une pâte grenue, d'un gris verdâtre, renfermant çà et là quelques cristaux de feldspath blanc mat, kaolinisés, et un assez grand nombre d'aiguilles d'amphibole, en partie décomposées.

Les trachytes sont généralement fissurés en tous sens et très-irrégulièrement, comme on peut le remarquer dans la vallée de Dillen ou aux environs d'Illia, mais on y rencontre quelquefois la division prismatique, par exemple dans la petite carrière ouverte au sommet du Tarci Vrh : toute la masse de la roche est décomposée en prismes de $0^m,40$ environ de diamètre, légèrement inclinés sur la verticale; ces prismes sont divisés eux-mêmes par des plans perpendiculaires à leur axe en tronçons de colorations différentes, les uns gris, d'autres blancs, d'autres brun foncé. On observe en outre sur la tranche, quand on brise ces tronçons prismatiques, une série de zones concentriques alternativement grises et blanches, mais sans que cette différence de coloration corresponde à un fissurement de la roche.

Tufs trachytiques. — Les tufs trachytiques se rencontrent dans presque toutes les vallées des environs de Schemnitz, dans celles de Tepla et de Dillen, dans les vallées d'Antal et de Steplitzhof et dans la vallée d'Illia. Leur aspect est extrêmement variable : tantôt ils se présentent comme des trachytes boueux et paraissent avoir une origine éruptive, tantôt ils passent à des conglomérats renfermant des blocs roulés ou à des masses terreuses nettement stratifiées dont l'origine sédimentaire est évidente.

Ces différents types se montrent très-caractérisés aux environs d'Illia : le chemin qui conduit au Szittna coupe, à une petite distance au-dessus du village, une masse de tufs blancs compactes qui ne présentent aucun indice de stratification et offrent une ressemblance frappante avec les tufs trachytiques de la vallée du Mittelbach, dans le Siebengebirge. Ils sont formés d'une pâte terreuse d'un blanc grisâtre renfermant de petites lamelles brillantes de feldspath vitreux, dont quelques-unes sont striées, de très-petites aiguilles d'amphibole hornblende et des paillettes de mica noir dont la plupart n'ont pas un demi-millimètre de diamètre. Au milieu de cette pâte on remarque des taches blanches de forme et d'étendue irrégulières ; elles sont constituées, comme le reste de la masse, par une sorte de kaolin empâtant de petits cristaux de feldspath vitreux, mais l'amphibole et le mica y sont moins finement disséminés. On trouve quelquefois dans ces tufs des fragments aigus de trachyte gris, qui ont sans doute été enlevés par eux quand ils sont venus au jour.

Si nous continuons à monter vers le Szittna, nous passons de ces tufs blancs à des tufs bréchiformes, gris jaunâtre, tout à fait terreux ; on y distingue les mêmes éléments que dans les tufs blancs : la masse est constituée par une sorte de kaolin et renferme du mica et un peu d'amphibole ; mais on y trouve en outre un assez grand nombre de blocs de trachyte à contours arrondis. Il y a dans ces blocs des variétés très-différentes : d'abord des trachytes à pâte grise renfermant des cristaux de feldspath vitreux, du mica noir et de l'amphibole, puis çà et là des trachytes rougeâtres appartenant à une variété qu'on ne rencontre pas en place aux environs. Ceux-ci sont formés d'une pâte serrée, demi-cristalline, d'un rouge clair, au milieu de laquelle se détachent des cristaux de feldspath vitreux blancs, brillants et nettement striés ; on y remarque de l'amphibole en prismes, mais décomposée et devenue ocreuse, et des paillettes de mica, d'un brun rougeâtre, altérées également. Enfin l'on y distingue quelques petits grains de quartz, ce qui rapproche cette roche des porphyres trachytiques, dont elle diffère assez peu comme aspect; mais elle ne renferme pas, comme eux, des cristaux d'orthose vitreux, et sa teneur en silice n'est que de 62 p. 100. Il est impossible, sur des blocs isolés, de juger à quel groupe on doit rapporter cette variété; elle semble cependant, par la texture de sa pâte, se rapprocher plutôt des trachytes gris. M. F. v. Andrian indique d'ailleurs des trachytes rougeâtres dans le massif du Ptacnjk Vrh qui est, comme nous l'avons indiqué, formé de trachyte gris, tantôt amphibolique, tantôt pyroxénique.

Quelques blocs présentent une texture tout à fait porphyroïde : la pâte en est compacte, d'un rouge foncé; elle renferme quelques cristaux blancs de feldspath vitreux, du mica, de l'amphibole fortement altérée et qui ne se distingue de la pâte que par sa structure lamelleuse et par une teinte d'un rouge un peu plus sombre. Le quartz se montre en petits grains hyalins, mais il est rare; on trouve du reste une série d'intermédiaires entre cette roche et les trachytes rougeâtres à pâte plus claire et plus cristalline.

Enfin les tufs jaunâtres dont nous parlons sont coupés çà et là par de petits filons d'un pétrosilex brun clair; ce pétrosilex se divise sous le marteau en plaques parallèles au plan du filon; par places il est un peu terreux et paraît altéré. Plus haut nous trouvons des dépôts tuffacés tout à fait sableux, stratifiés par couches horizontales et renfermant encore quelques blocs de trachyte plus ou moins décomposés.

Les tufs qui bordent la rive droite du ruisseau d'Illia, en amont du village, ressemblent beaucoup aux tufs blancs dont nous avons parlé d'abord : ils sont seulement un peu plus solides et leur pâte est d'un gris jaunâtre, mais on y voit les mêmes éléments que dans les tufs blancs et les mêmes taches d'un blanc mat se détachant sur le fond. A la partie supérieure, ils passent à un conglomérat renfermant des blocs roulés.

A Steplitzhof et à Rybnik, au-dessous de Schemnitz, les tufs trachytiques sont pour la plupart sédimentaires : ils sont sableux ou bréchiformes et alternent avec des grès et des conglomérats miocènes ; on y trouve aussi des intercalations de trachyte proprement dit très-bien caractérisé. Ces grès, ainsi que les tufs eux-mêmes, renferment des veines ou des bancs peu épais de lignite et quelquefois des empreintes de plantes assez nettes pour qu'on puisse les déterminer ; nous citerons les *Carpinus grandis*, Ung., *Carpinus Neilreichi*, Kov., *Ulmus plurinervia*, Ung., *Planera Ungeri*, Ettingsh. et *Libocedrus salicornioïdes*, Ung.

Age des roches trachytiques. — Les débris de plantes dont nous venons de parler ont permis de fixer exactement le niveau géologique des tufs trachytiques : ils appartiennent à l'étage du terrain miocène désigné sous le nom d'étage à cérithes (*Cerithienschisten*), c'est-à-dire au miocène supérieur. Cela détermine en même temps l'âge des trachytes proprement dits, puisque nous venons de voir qu'on les trouve intercalés au milieu des tufs.

Quant aux relations des trachytes avec les grünsteins, ils leur sont certainement postérieurs : en effet, sur tout le pourtour du massif du Paradeisberg, on trouve le grünstein recouvert par les tufs, et d'ailleurs les trachytes solides renferment parfois, comme nous l'avons indiqué, des blocs de grünstein empâtés. Il est plus difficile de fixer d'une façon précise l'âge des trachytes gris, les environs de Schemnitz ne nous fournissant sur cette question aucun renseignement précis ; mais les faits observés sur d'autres points de la Hongrie prouvent qu'ils sont intermédiaires comme âge entre les grünsteins et les vrais trachytes.

Les formations tuffacées sableuses et les grès dont nous venons d'indiquer la présence entre Steplitzhof et le Calvarienberg prouvent que vers le milieu de l'époque miocène le pays qui nous occupe a subi un affaissement et a été recouvert par les eaux. Les éruptions de grünstein, et sans doute celles de trachyte gris, sont antérieures à ce moment, car elles n'ont pas été accompagnées de formations tuffacées. Les vrais trachytes semblent au contraire, comme l'indique M. F. v. Richthofen, avoir fait éruption sous les eaux ; une partie s'est solidifiée complétement, et les éléments de la roche ont pu cristalliser ; d'autres ont passé à l'état boueux et ont formé des tufs, comme aux environs d'Illia ; mais ces tufs ont été ensuite remaniés par les eaux, et c'est là l'origine des tufs sableux ou bréchiformes nettement stratifiés qu'on observe en différents points.

Trachyte semi-vitreux. — Il nous reste à mentionner, mais seulement pour mémoire, une dernière variété de trachyte, le trachyte semi-vitreux de Beudant : il est formé d'une pâte noire compacte et renferme des cristaux de feldspath vitreux blancs ou jaunâtres, translucides, plus ou moins développés. Il est postérieur aux trachytes proprement dits et se montre çà et là en petites masses isolées, mais on ne le rencontre qu'à une assez grande distance de Schemnitz.

RHYOLITHES. — M. F. v. Richthofen a réuni sous ce nom généralement adopté aujourd'hui, une série de roches d'aspects très-différents, mais qui se lient les unes aux autres par tous les intermédiaires possibles et apparaissent souvent toutes ensemble sur des espaces fort restreints ; ce sont les porphyres trachytiques, les porphyres molaires et les perlites de Beudant. Elles présentent d'ailleurs un caractère commun et parfaitement constant : elles renfermen une quantité de silice considérable, bien supérieure à celle qu'on trouve dans toutes les autres roches de la série trachytique.

Les rhyolithes sont peu développées dans les environs immédiats de Schemnitz : elles forment de petits pointements entre Illia et Steplitzhof et se montrent en masses un peu plus importantes dans la partie inférieure de la vallée d'Eisenbach, à la hauteur de l'établissement de bains. Les principaux massifs de rhyolithe sont ceux de Hlinik, de Königsberg et de Kremnitz, on y rencontre toutes les variétés, depuis les obsidiennes et les ponces jusqu'aux porphyres molaires proprement dits; mais nous renverrons pour l'étude de ces roches au travail de M. F. v. Richthofen, qui les a décrites dans les plus grands détails (*). Nous ne parlerons ici que des rhyolithes de Schemnitz et d'Eisenbach, qui appartiennent au groupe des porphyres trachytiques de Beudant.

Les rhyolithes d'Eisenbach sont, en effet, de véritables porphyres : elles sont formées d'une pâte feldspathique un peu rude, renfermant un grand nombre de cristaux transparents d'orthose vitreux et de grains de quartz hyalin gris, de 1 à 3 millimètres de diamètre; on y voit en outre de très-petites aiguilles d'amphibole hornblende, de 0,5 à 2 millimètres de longueur et quelques très-rares paillettes de mica noir ou bronzé. La couleur de la pâte est extrêmement variable : elle est tantôt blanche ou grisâtre, tantôt d'un brun jaunâtre clair, tantôt rougeâtre ou lie de vin; souvent un même bloc présente des taches ou des veines de couleurs différentes; en général, les parties foncées sont plus serrées et ont un grain plus fin que les parties claires. La masse est le plus souvent compacte, mais on rencontre aussi des parties un peu bulleuses et scoriacées qui offrent un commencement de passage aux porphyres molaires. Le feldspath est lui-même assez variable d'aspect : d'ordinaire il se présente en cristaux nets, brillants, fragiles, mais solidement soudés à la pâte; ces cristaux ont la forme de tables et ne dépassent guère 6 à 8 millimètres de lon-

(*) F. Freiherr v. Richthofen, *loc. cit.*, p. 153.

gueur. On en trouve quelquefois de plus gros, mais à contours moins nets et renfermant dans leur intérieur des paillettes de mica et des aiguilles de hornblende. Parfois ces cristaux sont altérés, ils deviennent d'un blanc mat, sont profondément cariés, et finissent par passer à l'état de kaolin et par tomber en poussière sous la moindre pression. Les autres éléments sont, au contraire, très-constants dans leur aspect, l'amphibole même présente rarement des traces de décomposition. On trouve souvent dans la masse de la roche de l'agate chalcédoine d'un blanc laiteux tapissant les parois des fissures ou formant d'assez gros rognons dont la surface est couverte de petits mamelons irréguliers; il reste parfois au milieu de ces rognons des vides tapissés de petits cristaux de quartz hyalin. On rencontre aussi çà et là des masses de quartz en cristaux enchevêtrés, hachées de fentes nombreuses.

La rhyolithe forme au-dessus de la vallée d'Eisenbach des escarpements à pic, garnis à leur pied de grands talus d'éboulis. Au pied de ces éboulis, sur la rive droite de la vallée et un peu en amont des bains, se trouve une terrasse presque horizontale de 500 mètres de largeur environ, entièrement couverte d'énormes blocs anguleux de rhyolithe porphyrique, amoncelés les uns sur les autres; c'est ce qu'on appelle dans le pays le *Steinmeer*. Cette mer de pierres est d'un aspect extrêmement singulier et pittoresque, et l'on y rencontre, à quelques pas l'une de l'autre, toutes les variétés possibles de porphyre trachytique. Elle paraît avoir été formée par l'écroulement d'une montagne de rhyolithe, écroulement qui, si l'on en croit la tradition, aurait été produit par un tremblement de terre; les tremblements de terre ne sont, d'ailleurs, pas très-rares à Eisenbach.

La rhyolithe a été rencontrée à Schemnitz dans les travaux souterrains, dans les champs d'exploitation dits *Pacherstollen* et *Michaelistollen;* elle forme là, au milieu du grünstein, un filon d'une quinzaine de mètres de puissance, qui a été recoupé par différentes galeries, notamment par la Glanzenberg Erbstollen. Ce filon est connu sous le nom de *Clotilde Kluft;* il se trouve à quelque distance du toit du filon métallifère le plus important, le Spitaler Gang. La roche de la Clotilde Kluft est formée d'une pâte blanche, serrée, un peu rude; on y distingue quelques cristaux plats d'orthose vitreux, très-brillants, mais peu développés, et un grand nombre de petits grains de quartz; l'amphibole y est extrêmement rare; on en trouve cependant çà et là quelques petites aiguilles; le mica manque complétement. C'est, en somme, un porphyre trachytique très-analogue à ceux du Steinmeer; il n'en diffère guère que par les petites dimensions des éléments qu'il renferme : cristaux de sanidine et grains de quartz. On remarque en outre dans toute la masse de la roche une quantité de très-petits grains cubiques ou dodécaédriques de pyrite jaune; nous avons signalé plus haut une semblable imprégnation de pyrite dans un grand nombre de grünsteins.

M. K. v. Hauer a analysé la rhyolithe d'Eisenbach (*); il y a trouvé :

SiO^3	69,04
Al^2O^3	17,09
CaO	0,74
MgO	traces
KO	9.74
NaO	2,54
Perte au feu	0,94
	99,89

On voit combien sa teneur en silice est supérieure à celle de toutes les roches que nous avons étudiées jusqu'ici; cependant la rhyolithe d'Eisenbach est l'une des moins acides de tout le groupe, car certaines variétés de perlite renfer-

(*) *Verhandlungen der k. k. geol. Reichsanstalt*, 1868, p. 386.

ment jusqu'à 77 p. 100 de silice. Une analyse de la roche de la Clotilde Kluft nous a donné :

	SiO^3	74,25
	Al^2O^3	13,87
	Fe^2O^3	0,87
	CaO	0,75
	MgO	»
	KO	5,37
	NaO	3,02
	Perte au feu	0,75
		98,88
	Effervescence	Presque nulle.
	S	0,82
répondant à	FeS^2	1,51
	SO^3 tout formé	0,60

Nous avons vu que les roches du Grüner Gang qu'on a comparées à celle-ci ne renferment pas plus de 55 p. 100 de silice. Il est à remarquer que la rhyolithe de la Clotilde Kluft contient un peu d'acide carbonique, tandis que celle du Steinmeer ne donne par l'acide chlorhydrique aucune effervescence.

M. K. v. Hauer a soumis également à l'analyse les cristaux de feldspath vitreux de la rhyolithe d'Eisenbach; il a obtenu les résultats suivants (*) :

SiO^3	66,57
Al^2O^3	18,84
CaO	0,06
MgO	0,12
KO	11,30
NaO	2,37
Perte au feu	0,57
	99,83

Ces chiffres montrent que ce feldspath est bien de l'orthose vitreux, comme l'absence de stries sur les facettes nous

(*) K. Ritter v. Hauer, *loc. cit.*, p. 386.

l'avait fait affirmer. Il présente une composition presque identique à celle des cristaux de sanidine du Drachenfels et il est, comme eux, légèrement attaquable par les acides.

On trouve quelquefois des dépôts de quartz d'eau douce en relation intime avec les rhyolithes : nous citerons ceux qu'on rencontre entre Steplitzhof et Illia en descendant vers ce dernier village. Ces quartz sont généralement blancs ou jaunâtres, absolument compactes ; on y remarque çà et là des taches noires de forme irrégulière, généralement bordées d'une bande ocreuse ; cette coloration est due à de l'oxyde de fer et à des matières organiques. Il y a parfois dans la masse des veinules ou de petites géodes tapissées de petits cristaux de quartz hyalin parfaitement pur. Les quartz d'eau douce d'Illia renferment une grande quantité de débris de plantes fossiles ; nous y avons trouvé en abondance les rhizômes, entourés de nombreuses bases de pétioles, de l'*Osmunda Schemnitzensis*, Pettko (*sp.*) ; nous avons rencontré en outre des tiges du *Phragmites Ungeri*, Stur, des fragments de feuilles du *Fagus Deucalionis*, Ung. à nervation remarquablement nette et plusieurs morceaux de bois fossile appartenant à des dicotylédonées ; la structure de ces bois n'est malheureusement pas assez nette pour qu'on puisse les déterminer d'une façon positive ; il est possible qu'ils appartiennent au hêtre dont nous avons observé les feuilles. Nous avons remarqué enfin une portion de cône et des fragments de rameaux qui paraissent appartenir au *Sequoia Langsdorffi*, Brongt. (*sp.*).

Les rhyolithes sont souvent accompagnées de formations tuffacées plus ou moins bréchiformes, qui prouvent qu'une partie des éruptions ont eu lieu sous les eaux. M. F. v. Richthofen considère les rhyolithes comme des roches volcaniques proprement dites, sorties sous forme de coulées de fentes ou de cratères véritables. Il admet que les ponces ont paru les premières, les perlites ensuite, et les porphyres trachytiques quartzifères en dernier lieu, alors que les eaux s'étaient déjà retirées par suite du soulèvement progressif du sol. Les tufs rhyolithiques sont nettement distincts des tufs trachytiques, ce qui montre que les éruptions trachytiques avaient complétement cessé quand les rhyolithes sont venues au jour; les pointements rhyolithiques qui percent les tufs et les trachytes solides aux environs d'Illia prouvent d'ailleurs d'une façon positive que les rhyolithes sont postérieures aux trachytes proprement dits et sont, par conséquent, les dernières roches de la série trachytique, si développée dans toute cette partie de la Hongrie. Nous avons vu plus haut que les trachytes étaient contemporains du miocène supérieur; les rhyolithes sont un peu plus récentes, mais la différence d'âge ne doit pas être bien considérable, car les quelques plantes trouvées dans les tufs rhyolithiques se rapportent encore aux couches à cérithes ou au niveau immédiatement supérieur. C'est donc, selon toute probabilité, de la fin de l'époque miocène ou peut-être du commencement de l'époque pliocène que datent les éruptions de rhyolithes.

Basalte. — Le basalte ne se montre près de Schemnitz qu'au Calvarienberg ou à Giesshübel. Le Calvarienberg est, comme nous l'avons dit en commençant, un piton conique de forme régulière qui s'élève au milieu des tufs trachytiques sur la rive gauche du Schemnitzer Bach. Le basalte qui le constitue présente une pâte noire, compacte, à cassure esquilleuse, au milieu de laquelle on distingue quelques rares lamelles brillantes de labrador, de petits cristaux noirs de pyroxène augite et un grand nombre de grains de péridot olivine jaunes ou verts; il y a en outre de très-petits grains de fer oxydulé disséminés çà et là dans la pâte. On trouve parfois dans des géodes des prismes hexagonaux ou des scalénoèdres de calcite, recouverts de concrétions de silice à demi gélatineuse colorée en noir par de l'oxyde de fer. A la base du cône, le basalte est tout à fait solide et ne présente d'altération que sur une épaisseur excessivement faible. Mais vers le sommet il change de nature : la pâte est grise, criblée de petites taches ocreuses, le péridot est un peu altéré et présente des teintes rougeâtres avec une légère irisation ; la masse même a une structure tout à fait particulière, elle est coupée de petites fentes curvilignes irrégulières, qui lui donnent une cassure semblable à celle d'un poudingue. On observe d'ailleurs tous les intermédiaires entre le basalte solide et cette roche : la pâte passe d'abord au gris et la cassure, de nette qu'elle était, devient irrégulière et comme mamelonnée ; puis on voit l'olivine changer d'aspect, et au sommet il semble qu'on ait affaire à un conglomérat basaltique : les fentes sont tapissées d'un dépôt ocreux et la roche se désagrége presque complétement sous le marteau.

L'analyse d'un échantillon de basalte de la base du cône du Calvarienberg a donné :

SiO^3	44,75
Al^2O^3	18,00
Fe^2O^3	12,25
CaO	9,75
MgO	6,46
KO	1,51
NaO	4,41
Perte au feu	2,50
	99,61

Au point de vue de la structure en grand, le basalte du Calvarienberg présente, surtout au haut du cône, une division extrêmement régulière : il est coupé par des plans parallèles légèrement inclinés sur la verticale, distants les uns des autres de 50 centimètres à 1 mètre, qui simulent une stratification. Un peu plus bas, les plans sont moins espacés et la roche se divise en plaquettes qui n'ont souvent que 1 ou 2 centimètres d'épaisseur.

A Giesshübel, le basalte forme deux filons de 2 à 3 mètres de puissance au milieu des trachytes ; le basalte de ces filons renferme très-peu d'olivine ; on y trouve, empâtés dans la masse, des morceaux du trachyte qu'ils ont traversé.

Les basaltes paraissent la roche éruptive la plus récente : ils sont certainement postérieurs aux trachytes, puisqu'ils les ont percés à Schemnitz et à Giesshübel. Leurs relations avec les rhyolithes sont plus difficiles à déterminer ; ils paraissent cependant leur être aussi postérieurs : M. F. v. Richthofen cite comme preuve (*) les tufs basaltiques de Gleichenberg en Styrie, qui renferment des fragments de rhyolithe quartzifère ; M. F. v. Andrian indique en outre un pointement de basalte, au sud-est de Jastreba près Kremnitz. au milieu d'une puissante formation de tufs ponceux (**).

Sources minérales. — Il nous reste à mentionner l'existence aux environs de Schemnitz de sources minérales chaudes, qui paraissent être les dernières traces de l'action volcanique qui s'est fait sentir si longtemps dans le pays. L'une d'elles est la source d'Eisenbach ; elle est exploitée pour l'usage médical et attire tous les étés un nombre de baigneurs assez considérable. Elle sort des tufs rhyolithiques qui bordent la rive gauche du ruisseau. Elle avait presque complétement disparu il y a quelques années à la suite d'un tremblement de terre ; les travaux qu'on a faits pour la retrouver ont amené la découverte d'un petit filon de pyrite avec lequel elle paraît être en relation. La température de la source est de 38°,25 C. Un litre d'eau renferme, d'après MM. A. Felix et R. Mehes (***) :

(*) F. Freiherr v. Richthofen, *loc. cit.*, p. 161.
(**) F. Freiherr v. Andrian, *loc. cit.*, p. 416.
(***) F. Freiherr v. Andrian, *loc. cit.*, p, 416.

	grammes.		grammes.
CaO,CO^2	0,4572	*Report.*	0,8266
MgO,CO^2	0,0432	MgO,SO^3	0,1752
FeO,CO^2	0,0430	MgCl	0,0003
NaO,SO^3	0,0302	SiO^3	0,0081
CaO,SO^3	0,2530	Perte	0,0286
A reporter.	0,8266	Matières fixes	1,0388

et 513 centimètres cubes d'acide carbonique libre. Cette source a donné naissance à des tufs calcaires dans lesquels on trouve quelques coquilles, principalement des ***Helix***, et des feuilles d'arbres très-bien conservées, la plupart appartenant au hêtre et au noisetier communs.

Les dépôts qui se forment dans le canal même où coule l'eau de la source sont surtout calcaires et ferrugineux; ils se composent de :

Al^2O^3	1,23	*Report.*	92,73
Fe^2O^3	6,77	Eau hygrométrique	0,83
CaO	49,66	Eau de constitution	4,49
MgO	0,73	Argile et sable	1,50
CO^2	34,34		99,55
A reporter.	92,73		

Les autres sources sont celles de Glashütte; elles sortent du calcaire à quelque distance d'un massif de rhyolithe; leur température est respectivement de 54°,50 — 51°,25 — 46°,25 — 43°,75 et 20°,00 C. La plus chargée en éléments salins est la Josephsquelle : elle contient 2gr,50 de matières fixes par litre (*), composées principalement de sulfates de chaux et de magnésie; elle renferme en outre 120 centimètres cubes d'acide carbonique libre. Ces sources sont, comme celle d'Eisenbach, employées en bains et assez fréquentées.

Enfin nous citerons la source carbonique froide de Bukovina, qui se trouve un peu plus au nord, vers Heiligenkreuz, et dont l'eau est employée comme boisson de table dans tout le pays aux environs.

(*) F. Freiherr v. Andrian, *loc. cit.*, p. 417.

DEUXIÈME PARTIE.

Description des filons.

Les filons exploités dans le district de Schemnitz peuvent, comme nous l'avons dit précédemment, se diviser en deux groupes caractérisés par la nature des terrains qu'ils traversent; les uns sont encaissés dans les grünsteins, les autres dans la syénite et les roches anciennes. Le premier groupe est exploité à Schemnitz, à Windschacht, à Dillen et à Moderstollen; le second à Hodritsch et à Eisenbach.

FILONS DANS LES GRUNSTEINS.

Les travaux les plus importants et les plus développés portent sur les filons encaissés dans les grünsteins et exploités à Schemnitz et à Windschacht; ces filons, au nombre de sept, ont une direction peu différente de celle de la bande de grünstein dont nous avons parlé dans la première partie. En allant de l'est à l'ouest, on rencontre successivement le Grüner Gang, le Stefan Gang, le Johann Gang, le Spitaler Gang, le Biber Gang, le Theresia Gang et l'Ochsenkopfer Gang. Chacun d'eux est constitué par un système de fentes minéralisées, peu distantes l'une de l'autre et ayant entre elles un ensemble de caractères communs; dans l'intervalle compris entre ces fentes, ainsi qu'à une certaine distance de part et d'autre du système, le grünstein est plus ou moins dur et compacte, plus ou moins décomposé et argileux, mais il est toujours imprégné de petits cristaux cubiques de pyrite de fer, très-nets et ne présentant jamais

6

d'altération, même dans le cas où la roche est tout à fait kaolinisée ; cette pyrite de fer est toujours pauvre en métaux précieux. Les fentes dont l'ensemble forme le filon se réunissent par endroits pour se séparer ensuite ; elles ont souvent une grande puissance et une étendue considérable en direction comme en profondeur et pourraient être à bon droit considérées séparément comme des filons importants si le développement des travaux n'avait montré leurs relations réciproques et conduit à les grouper ensemble sous un nom unique de filon. C'est cette circonstance qui fait qu'on a dit souvent que les filons de Schemnitz avaient une puissance colossale, allant jusqu'à 40 mètres ; mais en réalité cela signifie simplement qu'entre les deux veines extrêmes d'un système il y a une distance de 40 mètres ; la puissance réelle totale des veines minérales dépasse rarement un petit nombre de mètres.

Outre ces fentes principales, on en rencontre un grand nombre d'autres dont la direction est plus ou moins inclinée sur celle des premières ; elles forment parfois dans l'intervalle de deux filons voisins un réseau très-complexe et leur exploitation a donné lieu à des travaux tout aussi suivis que celle des filons principaux.

Aux grands filons dont nous venons de parler il faut joindre ceux qui sont exploités à Dillen et à Moderstollen et qui, comme eux, sont encaissés dans les grünsteins.

Pour la description de ces gîtes, nous suivrons l'ordre indiqué dans leur énumération ; nous décrirons successivement les filons principaux en rattachant à chacun d'eux les fentes secondaires qui sont en relation avec lui.

Grüner Gang. — Le Grüner Gang est connu sur une longueur de 1.400 mètres environ ; il est compris dans l'angle formé par les deux ruisseaux qui descendent, l'un de Schemnitz, l'autre de Steplitzhof. Il est dirigé N. 28° dans sa partie sud ; en allant vers le nord il s'infléchit un peu à l'est et prend la direction N. 57° ; il paraît revenir à sa direction primitive à son extrémité nord. Son pendage est de 70 à 80° vers le sud-est. Il est formé de plusieurs veines courant parallèlement dans une masse blanche d'une puissance moyenne de 20 mètres environ.

On a trouvé au cinquième étage du Franz Schacht (V. Pl. VII), au toit du Grüner Gang, des couches de charbon intercalées dans des tufs trachytiques stratifiés. C'est sans doute à cause de cette circonstance et de l'aspect particulier de la roche au voisinage du minerai que M. V. Lipold a dit que ce filon était formé de veines courant dans une masse rhyolithique décomposée et encaissée elle-même dans les tufs trachytiques. Mais il n'en est pas ainsi : l'examen minéralogique attentif et l'analyse des échantillons recueillis dans cette prétendue masse rhyolithique montrent bien, comme nous l'avons vu plus haut, qu'elle est réellement formée de grünstein altéré. De plus, à l'étage de la Kaiser Franz Erbstollen, on peut voir, à une certaine distance du toit dans la galerie qui va du Franz Schacht au filon, un beau grünstein porphyroïde à pâte presque noire, criblée de petits cristaux de feldspath blanc et ne présentant pas la moindre trace d'altération ; en s'approchant du filon, on voit cette roche s'altérer assez rapidement, se charger de pyrite et devenir blanche ou légèrement violacée au voisinage des veines métallifères. Il en est ainsi dans toute l'étendue du filon, qui est réellement encaissé dans le grünstein ; près des veines métallifères, ce grünstein est profondément altéré, chargé de pyrite de fer, et sa cassure ne permet plus de distinguer que la place qu'occupaient dans la roche primitive les éléments qui la composaient. De part et d'autre du filon, la roche altérée passe assez rapidement, mais par degrés insensibles, au grünstein tout à fait solide.

Le remplissage des veines du Grüner Gang est exclusivement argentifère ; les espèces minérales qu'il renferme sont, comme presque partout à Schemnitz, des sulfures simples ou des sulfoantimoniures ou sulfoarséniures d'argent noirs; on n'y a pas signalé d'argent rouge; c'est la stéphanite qui est l'espèce dominante. On a bien trouvé des traces de galène et de blende, mais nulle part ces minéraux ne sont en quantité notable. A une profondeur de 270 mètres environ, on a trouvé dans une région très-circonscrite du Grüner Gang des parties contenant du sinople, de la galène et de la blende, d'aspect identique à celui du remplissage de certaines parties du Spitaler Gang et du Theresia Gang; M. G. Faller, qui signale ce fait (*), pense que ces nodules ont précisément été arrachés aux affleurements de ces filons et qu'ils ont pénétré par le haut dans la masse du Grüner Gang; c'est ce qu'il nous paraît difficile d'admettre; il est, du reste, inutile de chercher une explication aussi étrange : la galène et la blende s'étant trouvées en petites quantités dans diverses régions du filon, on ne doit pas s'étonner de les trouver associées à du sinople, car, comme nous le verrons plus loin, cette association est générale à Schemnitz.

La gangue pierreuse qui accompagne les minerais d'argent est formée d'un quartz mélangé très-intimement de calcite manganésifère, très-compacte, d'un jaune rosé tout à fait caractéristique. Cette gangue quartzo-calcaire renferme souvent de petites masses de quartz hyalin d'une grande pureté que les mineurs ont appelé *glos* (*Glas*, verre). C'est un compagnon fidèle du minerai précieux : toutes les fois qu'il paraît dans les travaux, le minerai d'argent est proche. On a remarqué que plus la gangue est quartzeuse, plus le minerai riche est rare; plus elle est calcaire, plus le minerai est abondant.

Toute la masse de grünstein kaolinisé dans laquelle courent les veines du filon est criblée de pyrite de fer en

(*) G. Faller. *Der Schemnitzer Metall-Bergbau in seinem jetzigen Zustande*. 1865.

petits cubes très-nets qui n'ont éprouvé aucune altération; elle est également imprégnée d'une certaine quantité de minerai d'argent. Elle est en général abattue comme minerai de bocard.

Les minerais d'argent ne sont pas également répartis dans toute l'étendue du filon; ils sont concentrés en certains points et forment des nids dont l'ensemble paraît constituer une série de colonnes riches plongeant dans le filon vers le nord-est et faisant avec l'horizon un angle voisin de 45°. Ces colonnes riches sont limitées en hauteur; elles sont à des niveaux d'autant plus bas qu'on s'avance plus vers le nord; ainsi au voisinage du Mariahimmelfahrt Schacht elles affleurent au jour, tandis qu'au delà du Franz Schacht elles se trouvent au-dessous du cinquième étage seulement; leur ensemble est compris dans une grande zone plongeant au nord-est et faisant avec l'horizon un angle de 30° environ. Au voisinage des nids de minerai, la veine métallifère est presque toujours rencontrée par des fentes transversales absolument stériles, ne renfermant ni minerai ni gangue d'aucune espèce; ces fentes ne s'étendent pas beaucoup en profondeur et disparaissent généralement avec le minerai; d'après la direction et le plongement du plus grand nombre, leur intersection avec le filon plongerait vers le sud-ouest, c'est-à-dire en sens inverse des colonnes riches.

Néanmoins, les ingénieurs de Schemnitz attribuent presque tous à ces fentes l'enrichissement local du filon; chacune d'elles aurait déterminé la formation d'un point riche, d'un nid de peu d'étendue, placé au voisinage de son intersection avec le filon et dirigé dans le filon suivant le pendage de cette intersection; mais elles se seraient étagées de telle manière, que ces points riches formeraient des colonnes plongeant en sens inverse. La production de ces grandes colonnes n'aurait pas été le résultat d'une cause générale agissant dans toute leur étendue, mais celui d'une série de causes particulières se répétant dans chacune de leurs parties.

Quelques-uns pensent au contraire que ces fentes transversales ne sont pour rien dans l'enrichissement qu'on observe dans leur voisinage ; ils ne peuvent croire qu'elles seraient restées absolument stériles si leur présence avait occasionné cet enrichissement ; ils expliquent la concentration du minerai par la réunion de deux ou plusieurs des veines du filon.

Nous nous contenterons de signaler ces deux genres d'explication sans nous prononcer ni pour l'un ni pour l'autre ; nous avons bien constaté la présence de veines transversales stériles au voisinage de deux des points riches ; mais comme le filon est complétement exploité dans toute la partie qui n'est pas au-dessous du niveau des eaux, il nous a été impossible de vérifier dans les vieux travaux si les points riches étaient précisément des points de jonction des veines du filon.

L'argent extrait des minerais du Grüner Gang est aurifère ; sa teneur en or augmente au fur et à mesure qu'on avance en profondeur : ainsi, entre le cinquième et le sixième étage du Franz Schacht, cette teneur était de 3 à 4 millièmes seulement, tandis qu'au-dessous du sixième étage elle s'est élevée jusqu'à 11 millièmes.

Le Grüner Gang est actuellement exploité au moyen de deux puits placés à son toit, le Franz Schacht et le Mariahimmelfahrt Schacht ; au moment de notre visite, ce dernier ne servait plus qu'à l'épuisement ; l'extraction, très-faible du reste, se faisait tout entière par le Franz Schacht. Les travaux ayant été poussés rapidement en contre-bas de la Kaiser Franz Erbstollen, on a dû établir des machines d'épuisement pour se débarrasser des eaux qui affluaient dans les chantiers, mais ces machines se sont trouvées bien vite insuffisantes, et tout ce que l'on peut faire aujourd'hui, c'est de maintenir à sec le sixième étage ; on a dû, malgré la richesse exceptionnelle du minerai entre le sixième et le septième étage, abandonner les travaux dans cette région et les laisser noyer. On se contente pour le moment de glaner le peu de minerai laissé dans les étages supérieurs ou d'abattre comme minerai de bocard la roche encaissante des veines métallifères dans les régions où elle a été respectée lors de l'exploitation de ces veines. On devra probablement attendre l'achèvement de la Kaiser Josephi II Erbstollen avant de pouvoir s'approfondir, et jusque-là le Franz Schacht qui, à lui seul, a donné près de 3 millions de florins (7.500.000 fr.) de 1856 à 1870, restera fort peu productif.

Il existe au toit du Grüner Gang, dans la région du nord-est, trois veines connues : en partant du filon et en se dirigeant vers l'est, on rencontre successivement la *Johann-Nepomuk Kluft* (V. Pl. VI, n° 1), la *Sophia Kluft* (V. Pl. VI, n° 2) et la *Francisci Kluft*. La première, située entre le filon et le Franz Schacht, n'est connue que sur une très-faible étendue ; sa direction est la même que celle du filon dans son voisinage. Les deux dernières sont situées au delà du Franz Schacht; elles sont parallèles et dirigées N. 45° ; la Sophia Kluft n'a été reconnue que sur un faible parcours; la Francisci Kluft a donné lieu à des travaux de recherche relativement plus étendus.

Du côté du mur se trouve la *Vierte Kluft*, qui est à peu près parallèle au filon, mais qui paraît se rapprocher de lui vers le nord. Son pendage est en sens contraire de celui du filon; il est de 70 à 80°, vers le nord-ouest. La Vierte Kluft coupe le filon sans le rejeter dans les niveaux tout à fait supérieurs ; l'intersection s'est trouvée en général riche en minerai. Son remplissage est analogue à celui du Grüner Gang ; la puissance de la bande pyritisée et décomposée au milieu de laquelle elle court varie de $1^{m},50$ à 4 mètres. Elle est connue sur toute l'étendue du filon et, si ce n'était son pendage inverse, elle pourrait être considérée comme la veine du mur de ce dernier.

Au delà de la Vierte Kluft, on connait encore deux autres veines parallèles au filon : ce sont la *Nepomuk Kluft* et la *Rechtsinnische Kluft ;* cette dernière (V. Pl. VI, nº 3) pourrait bien n'être que le prolongement de la veine du toit du Stefan Gang.

Filons de Dillen. — Les filons de Dillen sont considérés comme étant le prolongement du système de fentes du Grüner Gang. Les deux principaux sont le *Goldfahrtner Gang* et le *Baumgartner Gang.* Suivant les uns ils sont parallèles, suivant les autres ils se coupent ; d'après ces derniers, la direction du Goldfahrtner Gang serait N. 11° et celle du Baumgartner Gang N. 21° ; leur pendage, presque vertical, serait dirigé vers l'ouest. Ces filons sont encaissés dans leur partie méridionale dans les grünsteins terreux ; vers le nord, ils se prolongent dans les brèches trachytiques et les vrais trachytes. Leur puissance est mal connue ; leur remplissage diffère un peu de celui du Grüner Gang : il est composé d'un quartz gris ou blanc, un peu bréchiforme, mélangé de calcite, pauvre en minerai d'argent, mais relativement riche en or. Ils doivent être considérés comme formant un seul et même système ; ils ont donné lieu à une exploitation très-importante, surtout dans les points où ils paraissent se couper.

A l'est de ces deux filons on rencontre le *Georg Gang* dirigé N. 11° comme le Goldfahrtner Gang et plongeant de 60° à l'ouest ; sa puissance est d'environ 1 mètre ; son remplissage est exclusivement quartzeux.

A l'ouest, c'est-à-dire au toit des filons principaux, on a reconnu et exploité trois veines : la *Goldfahrtner Hangendkluft* (V. Pl. VI, nº 4), la *Golderzige Kluft* (V. Pl. VI, nº 5) et la *Johann Kluft* (V. Pl. VI, nº 6) ; leur direction paraît être N. 45° ; leur remplissage est identique à celui des filons avec lesquels elles viennent se réunir.

C'est entre le Grüner Gang et les filons de Dillen que se trouve le piton basaltique du Calvarienberg. Que deviennent les filons dans son voisinage? C'est ce que l'on ne sait pas encore; une galerie d'allongement partant de la rive droite du ruisseau de Dillen et destinée à reconnaître la partie méridionale des filons a été commencée dernièrement ; si, comme on en a l'intention, on continue activement à la pousser vers le sud, elle donnera probablement des indications curieuses à cet égard.

Les filons de Dillen ne sont plus exploités actuellement; toute la partie située au-dessus de la galerie d'écoulement dite *Dillner Erbstollen* a été abattue et l'affluence des eaux a empêché d'exploiter au-dessous ; on a reconnu seulement que le minerai se continue en profondeur, qu'il est abondant et riche. Une machine d'épuisement de 50 chevaux suffirait pour assécher les travaux, mais on ne dispose ni de chute d'eau suffisante pour la faire mouvoir, ni de combustible pour alimenter une machine à vapeur. Aussi est-on forcé d'attendre que le charbon puisse arriver à Schemnitz à des prix abordables avant de songer à reprendre l'exploitation.

Stefan Gang.—Le Stefan Gang est connu en direction sur une longueur de 550 mètres seulement, sur la rive gauche du ruisseau de Steplitzhof, sous le village même; il est dirigé N. 28° ; son pendage est de 80° vers le nord-ouest. Il se compose de trois veines parallèles ; l'intervalle compris entre les deux veines extrêmes varie de 12 à 16 mètres. La puissance de ces veines est très-variable.

La roche encaissante est un grünstein en général très-compacte ; il est toujours imprégné de pyrite. Au voisinage des parties stériles des veines, ce grünstein ne présente aucune altération ; il est presque toujours de couleur assez foncée; on y trouve un peu de quartz libre. Près des points riches, au contraire, la roche, tout en restant assez solide, est tout à fait blanche; sa cassure est grenue ; on y distingue des piles de mica et des cristaux d'amphibole décomposés, avec beaucoup de pyrite en cubes ne présentant aucune trace d'altération.

Le remplissage des veines métallifères se compose de minerai d'argent mélangé d'un peu de pyrite jaune cuivreuse et aurifère, que les mineurs désignent sous le nom de *gelf* (*gelb*, jaune), tandis que la pyrite pauvre est appelée *wilder Kies* (pyrite sauvage). Vers le sud on trouve surtout du sulfure simple d'argent (argentite, AgS), tandis que dans la partie nord c'est l'antimonio-sulfure, variété stéphanite (Sb^2S^3, 6AgS), qui domine. La gangue qui accompagne le minerai d'argent est formée d'un mélange de quartz et de calcite quelquefois manganésifère; ces espèces minérales sont beaucoup moins intimement mélangées que dans le Grüner Gang. Le quartz est souvent tout à fait hyalin et à l'état de *glos;* comme dans le Grüner Gang, ce *glos* est toujours un indice certain de la présence du minerai précieux. On a trouvé à diverses reprises dans des géodes du Stefan Gang des cristaux de quartz présentant à l'intérieur des cavités renfermant une goutte de liquide et une bulle de gaz.

Les parties riches des veines se sont concentrées en un même point : là les trois veines se sont confondues et ont formé une immense colonne riche s'étendant sur 150 mètres en direction et sur 200 mètres en profondeur; toute cette masse a été abattue presque sans remblais et il existe à la place qu'elle occupait des excavations énormes, qui par leur étendue témoignent de la richesse exceptionnelle du gîte. A très-peu de distance de la masse de minerai, les veines se rétrécissaient rapidement et devenaient tout à fait stériles ; à l'inverse du Grüner Gang, la roche encaissante n'était pas imprégnée de minerai au voisinage des points riches.

A 200 mètres environ au sud du Stefan Schacht, qui est creusé dans le filon même, celui-ci est brusquement interrompu : il est coupé par la *Weisse Kluft* (V. Pl. VI, n° 7), dirigée N. 158° (N. 22° O.), plongeant de 60° au sud-ouest. Cette fente est stérile ; la roche qui en forme les parois est un grünstein tout à fait blanc. On croit qu'elle a simplement rejeté le Stefan Gang vers le nord-ouest ; une recherche effectuée au premier étage pour s'assurer du fait a permis de constater de l'autre côté de cette fente l'existence de trois veines parallèles entre elles et parallèles au filon, que l'on a considérées comme étant le prolongement des trois veines du filon ; elles ont été trouvées complétement stériles, c'est pourquoi on ne les a explorées que sur une faible étendue.

A 150 mètres au nord du puits, le Stefan Gang est aussi brusquement interrompu : il vient buter contre la *Flache Kluft*, dirigée N. 64° et plongeant au sud-est. La roche qui en forme les parois est un grünstein blanc, décomposé, à cassure grenue, présentant l'aspect d'une masse argilo-sableuse ; elle est coupée de veines quartzeuses ressemblant à de l'agate, accompagnées de calcite et de minerai d'argent mélangé d'un peu de galène et de blende. La Flache Kluft a été explorée seulement à l'est du filon ; elle a donné lieu à des travaux assez suivis. Plus au nord se trouve la *Morgen Kluft*, dirigée N. 78° et plongeant vers le sud-est comme la précédente. Ces deux fentes (V. Pl. VI, n° 8) rejettent probablement le filon vers le nord-ouest comme la Weisse Kluft, mais on n'a fait encore aucun travail de reconnaissance pour s'en assurer. Actuellement le Stefan Gang n'est réellement connu qu'entre la Weisse Kluft et la Flache Kluft.

La Flache Kluft et la Morgen Kluft, en se prolongeant à l'est, viennent rencontrer la Vierte Kluft au même point ; là le minerai précieux s'est accumulé et a formé une colonne riche d'une grande puissance, dont l'exploitation a laissé des excavations considérables connues sous le nom de *Segengottes Verhaue*.

Avant d'arriver à la Vierte Kluft, la Flache Kluft et la Morgen Kluft sont coupées nettement et quelquefois rejetées de 2 mètres vers leur toit par une série de fentes dirigées à peu près nord-sud magnétique (H. 12), et connues à cause de cela sous le nom de *Zwölfer*. Quelques-unes de ces fentes sont minéralisées et ont donné lieu à des travaux de recherche et d'exploitation. Leurs parois sont formées d'une roche d'un aspect tout à fait particulier, de couleur blanche ; sa dureté est assez faible, sa cassure est tout à fait grenue comme serait celle d'un grès à gros grains ; on y distingue peu d'éléments différents, si ce n'est la pyrite cubique dont elle est criblée. Ce n'est qu'en examinant avec soin la manière dont elle se modifie peu à peu quand on s'éloigne des fentes que l'on peut reconnaître qu'elle n'est autre chose qu'un grünstein pyriteux complétement blanchi et kaolinisé. La roche solide dont elle provient devait être compacte, peu porphyrique ou même presque aphanitique, sans cristaux d'amphibole ni piles de mica. Le remplissage de ces Zwölfer se compose surtout de quartz peu transparent, presque laiteux, accompagné d'un peu de calcite et de stéphanite mélangée à de la pyrite cuivreuse aurifère.

Le Stefan Gang a été exploité au moyen du Stefan Schacht; sa découverte est relativement récente, son exploitation n'a commencé qu'en 1785 ; elle a fourni de très-grandes quantités de minerai d'argent. Aujourd'hui elle est fort peu productive ; la grande colonne riche paraît s'être perdue en profondeur au niveau du cinquième étage, et l'affluence des eaux empêche d'exécuter des recherches au-dessous de ce niveau, qui lui-même est actuellement noyé. On ne fait plus que rechercher le peu de minerai qui a pu être laissé dans le filon, dans les veines du nord ou dans les Zwölfer; on ne connaît pas toujours exactement les régions qui ont été exploitées, de sorte qu'il arrive quelquefois que les travaux qu'on exécute pour rechercher le minerai dans les étages supérieurs tombent sur des parties abattues et sont alors tout à fait improductifs.

Johann Gang. — Le Johann Gang est connu en direction sur une longueur de 4.000 mètres environ, depuis la rive gauche du ruisseau de Steplitzhof près de Windschacht, jusqu'au delà de Schemnitz; ses affleurements sont visibles sur la route de Dillen, un peu au delà de la Dillner Thor, à la hauteur de la Michaelistollen. Dans sa partie sud, il est dirigé N. 40°, jusque dans le voisinage du Max Schacht; là il s'infléchit et se dirige N. 15° jusqu'au Sigmund Schacht; à partir de ce dernier point jusqu'à son extrémité nord, sa direction est N. 28°. Son plongement est de 60° environ vers le sud-est. C'est, de tous les filons de Schemnitz, celui qui est le moins connu. Il a été exploité en trois points de son parcours, au Max Schacht, au Sigmund Schacht et à la Pacherstollen sous la ville même de Schemnitz; la Michaelistollen l'a recoupé et l'a trouvé stérile; mais depuis longtemps son exploitation est abandonnée. C'est sous la ville que les travaux ont duré le plus longtemps; on a dû les cesser par mesure de sûreté pour les habitations. Les détails que nous donnons sur ce filon sont empruntés au mémoire de M. V. Lipold (*), ou nous ont été donnés de vive voix par les ingénieurs de Schemnitz.

A la Pacherstollen, le Johann Gang se compose d'une seule veine; près du Sigmund Schacht il se divise en deux; au droit de l'Andreas Schacht la veine du mur se rapproche de celle du toit et se réunit avec elle dans le champ d'exploitation du Max Schacht; au sud de ce dernier, les deux veines paraissent se séparer de nouveau et s'écarter beaucoup l'une de l'autre.

La roche encaissante des deux veines du Johann Gang n'est pas la même; celle de la veine du toit est quartzeuse

(*) M. V. Lipold, *loc. cit.*, p. 408.

et dure ; celle de la veine du mur est au contraire argileuse et tendre. Les travaux exécutés dans cette dernière étaient d'un entretien très-dispendieux, les boisages devaient être souvent renouvelés à cause de la poussée des roches ; de plus il s'y dégageait beaucoup de mauvais gaz, cause d'une maladie de poitrine spéciale qui se développait chez les ouvriers. La stéphanite et la polybasite sont les espèces minérales dominantes dans le Johann Gang; elles sont accompagnées de pyrite, de quartz et de calcaire. Mais au niveau du huitième étage du Sigmund Schacht, la blende et la galène apparaissent et au-dessous elles remplacent tout à fait les minerais d'argent ; dans les horizons supérieurs, le Johann Gang est un filon exclusivement argentifère ; il devient plombeux en profondeur.

Les minerais ne sont pas régulièrement répartis dans l'étendue du filon ; en général la veine du mur est meilleure que celle du toit. Les parties riches sont très-nettement circonscrites, et quand on s'en éloigne, même très-peu, le minerai disparaît tout à fait. A peu de distance des points riches, la roche encaissante ne peut même plus être exploitée comme minerai de bocard ; c'est un caractère analogue à celui du Stefan Gang. Au voisinage du Sigmund Schacht, on a exploité une colonne riche qui s'étendait sur 200 mètres en direction et sur 300 mètres en inclinaison ; au Max Schacht, la colonne riche avait 240 mètres en direction sur 80 mètres en inclinaison. Au niveau de la Kaiser Josephi II Erbstollen, la galerie allant du Sigmund Schacht au Franz Schacht, aujourd'hui noyée, a recoupé les deux veines du Johann Gang ; la veine du mur est peu puissante, elle est surtout galéneuse et blendeuse ; la veine du toit est puissante ; une galerie de 50 mètres poussée en direction vers le sud a montré que ces deux veines étaient inexploitables.

Les fentes secondaires se rapportant au Johann Gang

sont : la *Hangendkluft*, la *Gräfische Kluft*, la *Markasit Kluft* et la *Zwölfer Kluft*.

La *Hangendkluft* (V. Pl. VI, n° 9), située près du Max Schacht, plonge tantôt verticalement, tantôt suivant un angle de 65°; elle coupe le filon principal; l'intersection et les points au voisinage ont été trouvés riches en minerai.

La *Gräfische Kluft* (V. Pl. VI, n° 10), rencontrée en profondeur par le Max Schacht, est connue sur 1.200 mètres en direction; elle affleure au jour au point où se réunissent les deux vallons de l'Andreas Schacht et du Sigmund Schacht. Elle est dirigée N. 36° ; son plongement est de 60 à 70° au sud-est. Sa puissance est faible. Dans le champ du Sigmund Schacht, elle a été explorée sur 200 mètres d'étendue en direction vers le sud et reconnue inexploitable. Au Max Schacht, elle a été reconnue sur 660 mètres en direction et sur 200 mètres en inclinaison ; on y a trouvé du minerai rassemblé en petits nids, mais la majeure partie de la fente était stérile. La roche encaissante est du grünstein altéré, feldspathique ou argileux ; le remplissage se compose de minerai d'argent, stéphanite et polybasite, et de pyrite ; la gangue est formée de quartz et de calcaire en masse ou en veines dans le grünstein. Au toit de la Gräfische Kluft, on a reconnu l'existence d'une petite veine, mais elle n'a pas été explorée.

La *Markasit Kluft* (V. Pl. VI, n° 11), dirigée N. 36°, a été reconnue à l'étage de la Kaiser Franz Erbstollen ; on y a fait beaucoup de travaux de recherche, on l'a trouvée inexploitable ; son remplissage est exclusivement composé de pyrite blanche ou marcassite : de là son nom.

La *Zwölfer Kluft* (V. Pl. VI, n° 12), indiquée par Hell comme étant dirigée N. 10°, n'est plus connue aujourd'hui.

Spitaler Gang.—Le Spitaler Gang est un des plus grands filons connus ; son étendue certaine en direction est de 8.000 mètres ; elle est de 12.000 si, comme on le pense, c'est lui qui affleure près du village de Gyökes, au sud-ouest de Schemnitz. Ses affleurements sont visibles en différents points, notamment au Glanzenberg. Au sud du ruisseau de Steplitzhof, il est dirigé N. 35°; après avoir coupé ce ruisseau, il s'infléchit à l'est et prend la direction N. 55°; il prend ensuite la direction N. 22° au Carl Schacht. Plus loin, entre le Carl Schacht et l'Andreas Schacht, il présente trois inflexions semblables aux premières, et à l'Elisabeth Schacht il reprend sa direction primitive qu'il conserve à peu près jusqu'à son extrémité nord sur la route de Tepla, au nord du Georgstollner Thal. Le pendage du Spitaler Gang est dirigé vers le sud-est; il est variable en direction et en profondeur: ainsi, dans la partie sud du filon, ce pendage est de 32 à 40° près des affleurements, et de 50 à 60° dans les niveaux inférieurs; dans la partie nord il est de 45° au jour et de 70° en profondeur. Au nord de la Michaelistollen au delà du point où il est rencontré par la *Diagonale Kluft*, son pendage devient inverse; plus au nord, le filon n'est plus que fort peu connu; il paraît se diviser en plusieurs veines, disposées en éventail. Dans toute son étendue, le Spitaler Gang est encaissé dans les grünsteins, solides ou décomposés, mais toujours imprégnés de pyrite.

Le Spitaler Gang est formé d'un nombre variable de veines, se réunissant parfois en direction comme en profondeur; l'intervalle compris entre les veines extrêmes est toujours très-considérable: il est en moyenne de 40 à 50 mètres. Ces veines extrêmes sont en général plus importantes que les veines intermédiaires; elles se poursuivent presque entièrement distinctes sur toute l'étendue du filon et forment pour ainsi dire deux filons parallèles; elles se rapprochent et se réunissent en quelques points. Parfois aussi les veines intermédiaires se concentrent dans leur intervalle et leur réunion forme comme un gros filon, accompagné à son toit et à son mur de veines parallèles d'une importance relativement moindre. C'est ainsi qu'en parcourant le filon du sud au nord on lui trouve la disposition suivante :

Au Ferdinand Schacht et au Carl Schacht, le Spitaler Gang se compose d'un grand nombre de petites veines courant dans des directions diverses; cette région étant entièrement exploitée aujourd'hui, nous ne pouvons préciser davantage.

Au Max Schacht, à l'Andreas Schacht et au Sigmund Schacht, les veines se rassemblent au toit pour former le filon principal; il existe en outre une veine du mur composée de deux fentes parallèles et fort peu distantes l'une de l'autre.

A la Pacherstollen, on trouve entre la veine du toit et la veine du mur plusieurs veines intermédiaires assez importantes, qui se réunissent sur une certaine étendue pour former un gros filon.

Au Michael Schacht, les veines se réunissent au mur du filon et forment un gîte important accompagné d'une veine moins considérable à son toit.

Les deux veines du toit et du mur se confondent et se réunissent avec toutes les veines intermédiaires pour former un filon unique en quatre points : tout près de l'Andreas Schacht; vis-à-vis de l'Elisabeth Schacht; entre la ville de Schemnitz et le Michael Schacht; au delà du Michael Schacht, sous le petit ruisseau qui descend du flanc nord du Glanzenberg. Ces points sont des centres d'exploitation très-importants; le minerai s'y est accumulé en grande abondance.

Le remplissage du Spitaler Gang est variable en direction comme en profondeur. On peut dire en général que, dans les régions qui sont exploitées actuellement, sa partie sud est exclusivement argentifère, tandis que sa partie nord est surtout plombeuse et aurifère. Il y a passage insensible d'un remplissage à l'autre ; la zone de séparation moyenne est à peu près rectiligne, elle plonge vers le sud dans le plan du filon; elle affleure un peu au sud de l'Elisabeth Schacht; elle coupe l'Andreas Schacht à une profondeur d'environ 40 mètres et s'enfonce de plus en plus ; elle apparaît dans les horizons inférieurs du Max Schacht; elle a été à peine atteinte au Carl Schacht.

Le grünstein qui forme les parois des veines dans la région sud est en général blanc ou bleuâtre, fortement décomposé, presque argileux; il est toujours imprégné de pyrite de fer non altérée. Ces veines sont étroites, mais le minerai d'argent a pénétré la roche encaissante à une certaine distance, et cette roche est abattue, soit comme minerai de scheidage, soit comme minerai de bocard. Les espèces minérales de l'argent trouvées dans ces veines sont des sulfures simples ou complexes, noirs, accompagnés de pyrite cuivreuse aurifère et d'une gangue pierreuse formée d'un mélange plus ou moins intime de quartz et de calcite manganésifère. Au Carl Schacht il existe généralement au mur une veine très-quartzeuse et très-dure, que les anciens avaient abandonnée à cause de sa dureté, et qui est le siége de l'exploitation actuelle. Le quartz est toujours opaque et un peu jauni par de la calcite manganésifère; le minerai est disséminé dans sa masse; il y forme quelquefois de petites veines contournées diversement et lui donnant un aspect zoné; souvent il est déposé à sa surface; souvent aussi on voit apparaître près du minerai le quartz hyalin nommé *glos*; la disposition de ce dernier indique que sa formation est certainement postérieure à celle du minerai. Au Max Schacht, au troisième étage, la veine du mur se compose, comme nous l'avons dit plus haut, de deux fentes séparées: celle du toit court dans un grünstein tout à fait blanc, complétement kaolinisé, formant une pâte liante avec l'eau; le minerai d'argent s'y trouve déposé à la surface de bandes de quartz haché par des lames de manganèse carbonaté d'un beau rose; l'intérieur de ces rognons présente souvent à la cassure de petites géodes d'améthyste cristallisée. L'argile au contact est imprégnée de minerai d'argent, et de blende en petits cristaux très-nets, d'une belle couleur jaune de miel (*). La veine du mur, distante de quelques décimètres seulement, a un remplissage tout à fait différent : elle est formée du mélange de quartz hématoïde, galène et blende, que nous retrouverons dans toute la partie nord du filon. La masse de remplissage est compacte, d'un rouge brun foncé, mouchetée de petits cristaux de galène, de blende et de pyrite cuivreuse ; ces dernières espèces minérales deviennent parfois plus abondantes et forment de petites veinules. Cette veine est de peu d'importance ; elle est abattue comme minerai à bocarder. Comme on le voit, ce point est dans la région mixte à la limite des deux zones principales du filon ; il est à la fois argentifère et plombeux.

Le quartz hématoïde que nous voyons apparaître ici est un minéral très-répandu dans les filons de Schemnitz qui ne sont pas exclusivement argentifères ; il est connu sous le nom de *sinople*. Sa cassure est mate, un peu grenue, mais à grain très-fin comme celle du pétrosilex ; il se polit difficilement et ne devient pas brillant ; il est très-dur. Il est

(*) L'analyse d'un échantillon stérile de cette argile nous a donné les résultats suivants :

SiO^3.	30,02		
Al^2O^3.	18,19		
Fe^2O^3.	8,58	Effervescence vive.	
CaO.	12,00	S.	4,41
MgO.	5,96	répondant à	
KO	2,41	FeS^2.	8,14
NaO.	3,16	SO^3 tout formé. . . .	0,77
Perte au feu.	19,25		
	99,57		

Elle renferme beaucoup de pyrite et une quantité importante de carbonates mélangés ; aussi la proportion de silice pour 100 est-elle peu considérable.

essentiellement composé de silice et d'oxyde de fer avec un peu de chaux et de magnésie; il renferme de l'argent et de l'or. On a quelquefois dit que ce minéral était coloré en rouge par du cinabre et que l'or et l'argent s'y trouvaient à l'état d'amalgame; mais il est certain que sa coloration est due à de l'oxyde de fer; de plus, le bocardage à mort et le lavage soigné permettent d'en extraire de l'or en très-petites paillettes; enfin les analyses auxquelles on l'a soumis n'ont pas décelé trace de mercure. Nous donnons ici les résultats des analyses faites au laboratoire de l'Institut géologique de Vienne, par MM. Fessl et Eschka (*), sur quatre échantillons de sinople rapportés de Schemnitz par M. V. Lipold.

	I	II	III	IV
SiO^3.	86,802	93,279	81,886	36,466
Fe^2O^3.	7,737	4,142	13,673	61,120
Al^2O^3.	0,327	0,095	2,070	0,846
CaO.	1,237	0,897	1,215	0,566
MgO.	0,272	0,200	0,217	0,196
HO.	0,022	0,045	0,014	0,023
Somme.	96,397	98,658	99,075	99,217
Or } aux 100 kilog. de minerai.	»	1gr,43	traces	2gr,41
Ag } aux 100 kilog. de minerai.	»	3 ,39	2gr,85	1 ,37

I. Sinople du Spitaler Gang, veine du mur; Ferdinand Schacht, à 6 mètres au-dessous de la Bibererbstellen.

II. Sinople du Spitaler Gang. Pacherstollen. 17e étage.

III. *Id.* *Id.* 22e étage.

IV. *Id.* Michaelistollen. 7e étage.

On trouve parfois dans la masse compacte de sinople des parties tendres, tachant les doigts en rouge brun foncé, faisant avec l'eau une boue d'un rouge sang et composées surtout de peroxyde de fer anhydre en petites lamelles brillantes; ce sont des nids d'hématite ou d'oligiste dans la masse ferrugineuse. Le no IV appartient à cette va-

(*) *Verhandlungen der k. k. geol. Reichsanstalt*, 1867, p. 83.

riété; c'est ce qui explique sa richesse en fer; l'analyse montre que sa teneur en or et en argent est plus grande que celle des sinoples tout à fait quartzeux.

D'après le tableau qui précède, le sinople doit être considéré surtout comme un minerai aurifère; il est abattu partout comme minerai de bocard.

Dans quelques parties du filon, le sinople devient tendre, argileux, coloré en vert plus ou moins foncé; on lui donne alors le nom de *milz;* les analyses suivantes, faites par les auteurs cités plus haut, montrent la composition de ce minéral et sa teneur en métaux précieux.

	V	VI	VII
SiO^3	70,732		
FeO	21,355		
Al^2O^3	5,988		
CaO	0,964		
MgO	0,274		
HO	0,246		
Somme	99,559		
Or } aux 100 kilogr. de minerai.	$14^{gr},64$	$39^{gr},10$	$12^{gr},68$
Ag } aux 100 kilogr. de minerai.	20 ,54	56 ,79	9 ,82

V. Milz du Spitaler Gang. Michaelistollen; 7e étage. Cet échantillon est imprégné de pyrite.

VI Échantillon précédent, débarrassé de pyrite autant que possible.

VII. Pyrite triée de l'échantillon n° V, débarrassée de milz autant que possible.

Ces chiffres montrent que ce n'est point la présence de la pyrite qui est cause de la forte teneur en or des milz, car la masse débarrassée de pyrite est beaucoup plus riche que la moyenne ou que la pyrite seule. Ces milz sont d'excellents minerais; ils sont séparés dans la mine et traités sans aucune préparation.

Pous nous rendre compte de la richesse relative des trois autres éléments, galène, pyrite cuivreuse et blende, nous avons fait essayer au bureau d'essai de l'École des mines les quatre échantillons suivants :

I. Galène presque pure, à grandes facettes, de la Pacherstollen.
II. Blende jaune de miel, avec très-peu de galène, de la Pacherstollen.
III. Galène presque pure, à grandes facettes, de la Michaelistollen.
IV. Galène très-pyriteuse, provenant du même échantillon que le n° III.

Voici les résultats des analyses faites par M. Rioult :

	PLOMB p. 100.	CUIVRE p. 100.	ZINC p. 100.	ARGENT aux 100 kilogr. de plomb.	OR.
				gr.	
I	82,00	»	»	63	0
II	4,00	0,20	19,00	traces	0
III	69,00	5,00	»	75	0
IV	52,00	28,80	»	70	tr. très-faibles

Ces chiffres montrent que la galène seule est argentifère ; la blende ne l'est pas ; la présence du cuivre pyriteux n'augmente pas la proportion d'argent par rapport au plomb, comme le montrent les essais III et IV, ce qui prouve que ce minéral n'est pas argentifère ; mais il est un peu aurifère.

C'est l'association des minéraux dont il vient d'être parlé qui forme le remplissage métallifère de toute la partie nord du Spitaler Gang. Dans cette région la roche encaissante est toujours compacte, jamais décomposée, simplement traversée par endroits par de petites veines, de remplissage analogue à celui du filon. Cette association se présente sous des aspects divers, mais avec un certain nombre de caractères à peu près constants. En général, elle est bréchiforme ; les morceaux empâtés sont formés de grünstein très-fortement pénétré de quartz, ressemblant souvent à du quartzite, mais présentant encore par places des indices assez nets de sa constitution primitive pour qu'il ne soit pas possible de douter de sa nature ; ce grünstein est en général imprégné de pyrite comme toute la roche encaissante. Autour de ces morceaux anguleux de grünstein, le sinople forme la première couche de la masse qui a empâté la brèche; il est mélangé à un quartz opaque, compacte, à cassure un peu grenue, et plus ou moins imprégné de galène à grandes facettes, de blende jaune ou brune et de pyrite cuivreuse. Le tout est presque toujours coupé de petites veines et percé de petites géodes de quartz hyalin cristallisé.

Cette brèche présente plusieurs variétés : parfois, les minerais sulfurés disparaissent presque complétement ; il ne reste plus que le sinople et le quartz empâtant le grünstein ; c'est dans cette variété qu'on rencontre fréquemment le sinople très-ferrifère que nous avons signalé plus haut. Le sinople et le quartz opaque, qui généralement sont mélangés d'une façon très-intime, se séparent quelquefois en zones concentriques bien distinctes entourant les morceaux de grünstein. Parfois aussi les morceaux de grünstein empâtés dans le sinople sont traversés de petites veines de sinople ; ils ont été minéralisés avant leur empâtement et contiennent, outre de la pyrite, de la blende identique à celle du reste du remplissage. Enfin les veines de quartz hyalin prennent quelquefois un grand développement, et les morceaux qui constituent la brèche apparente au premier abord sont formés eux-mêmes aux dépens d'une autre brèche et composés surtout de sinople. Il arrive aussi qu'on trouve des masses entières formées uniquement par la pâte de la brèche; le remplissage est alors très-compacte et très-dur, et en général pauvre en minéraux sulfurés.

Ces derniers, la galène surtout, se sont accumulés par places dans le filon et forment des colonnes riches, principalement aux points où les veines du toit et du mur se rencontrent. A la Pacherstollen et à la Michaelistollen, on a ainsi des abatages de près de 2 mètres de puissance. Dans ces points riches, non-seulement la puissance du gîte est plus grande que partout ailleurs, mais encore les minéraux quartzeux, le sinople et la blende disparaissent en partie; la galène se concentre en veines importantes au milieu du remplissage et forme quelquefois le remplissage unique du filon tout entier : elle est alors massive, mouchetée seulement de petits cristaux de pyrite cuivreuse.

Dans la masse du filon, le remplissage bréchiforme qui vient d'être décrit est souvent coupé de grosses veines de quartz hyalin cristallisé desquelles dépendent les petites fentes et géodes quartzeuses dont nous avons parlé. Ces veines présentent des géodes de grandes dimensions tapissées de fort beaux cristaux de quartz souvent colorés en violet; à la Pacherstollen et à la Michaelistollen, on a trouvé ainsi de fort beaux échantillons d'améthyste. Sur une grande plaque que nous avons rapportée pour la collection de l'École des mines, on voit une série de groupes formés chacun d'un gros cristal entouré d'une quantité d'autres plus petits disposés parallèlement à son axe. On a souvent trouvé ces géodes remplies d'eau; on n'a jamais recueilli et analysé cette eau qui peut provenir, soit des sources qui ont minéralisé le filon si la géode est complétement fermée, soit des infiltrations venues du jour si la géode est ouverte par le haut et étanche par le bas. Dans le champ d'exploitation du Sigmund Schacht, l'intérieur des géodes a été trouvé quelquefois tapissé de fort beaux cristaux de gypse, atteignant jusqu'à 6 à 8 centimètres de longueur, complétement transparents, et présentant parfois une courbure considérable lorsque l'espace dans lequel ils se sont formés était trop restreint; ces cristaux offrent les faces M, i, et g^1 très-développées. A la Pacherstollen, les cristaux d'améthyste sont comme saupoudrés de petites tables hexagonales de baryte sulfatée, blanches et opaques; elles ont environ 1 millimètre d'épaisseur et 5 à 6 millimètres de diamètre; ces tables sont parallèles à la face P et présentent les facettes M très brillantes et g^1 presque ternes; on y rencontre quelquefois la troncature $a^{3/2}$. Ce dernier minéral est fréquemment accompagné de pyrite; quelquefois les tables de barytine prennent un grand développement et sont en partie pseudomorphosées en quartz; ce fait se présente à l'Andreas Schacht. Ailleurs on trouve déposés sur le quartz des cristaux très-nets de galène cubique et de blende; ces derniers sont translucides, jaunes de miel ou enfumés; ils ont souvent près de 2 centimètres de largeur.

A la Michaelistollen, les géodes de quartz sont presque toujours tapissées de cristaux de marcassite qui affectent les dispositions les plus variées; presque toujours l'enduit pyriteux est continu et présente à sa surface des séries de festons saillants, irréguliers, qui se séparent parfois complétement de la masse et forment alors des sortes de filaments d'une certaine grosseur, percés d'un petit canal à leur intérieur; les cristaux de marcassite sont plantés normalement à ce canal. Les échantillons de cette pyrite sont difficiles à conserver : ils s'effleurissent à l'air avec une grande rapidité. La calcite et le fer carbonaté ne se rencontrent que très-rarement dans les parties plombeuses du Spitaler Gang; on y a trouvé parfois de la gœthite.

Pour donner une idée de la disposition des différentes parties du remplissage, nous reproduisons, d'après M. G. Faller (*), un certain nombre de coupes transversales du filon prises à l'avancement des galeries en différents points de son parcours. (Voir *fig.* 2 à 5, Pl. VIII.) L'examen de ces coupes et les détails que nous venons de donner sur la disposition respective des minéraux dans le filon suffisent pour qu'on puisse déterminer l'âge relatif des diverses formations.

D'après M. Wiesner, on pourrait distinguer trois périodes: la première serait caractérisée par le dépôt du sinople, du

(*) G. Faller. *Gedenkbuch zur hundertjährigen Gründung der k. ung. Berg— u. Forst-Akademie.*— Schemnitz, 1871, p. 328.

quartz opaque, de la blende, de la galène et du cuivre pyriteux, en un mot par la formation du remplissage bréchiforme dont nous avons parlé plus haut et du remplissage sulfuré; le milz, variété du sinople, appartiendrait à cette même période. Cette première formation serait à la fois plombeuse, aurifère et argentifère; elle formerait la majeure partie du remplissage du filon sur toute son étendue en direction. La deuxième période serait caractérisée par la formation du quartz hyalin, cristallisé en grandes géodes, et par le dépôt dans ces géodes de cristaux de galène, de pyrite cuivreuse et de blende; cette formation serait peu aurifère et peu argentifère. Le remplissage de la fente du toit à la Michaelistollen et de la Diagonale Kluft, qui réunit cette fente au filon, appartient en grande partie à cette dernière période. Enfin la troisième période serait caractérisée par le dépôt dans les géodes de la barytine, de la marcassite ne renfermant ni or ni argent, et du gypse, et pourrait être considérée comme se continuant de nos jours.

Cette division peut paraître peu intéressante, puisqu'elle laisse ensemble sans distinction d'âge les minéraux les plus importants; elle est néanmoins la traduction exacte des faits observés et il est difficile de la rendre plus précise tout en lui conservant sa vérité. Tout ce que l'on peut dire, suivant nous, d'après la disposition la plus commune du remplissage bréchiforme, c'est que le sinople est le minéral qui s'est déposé le premier; c'est en effet toujours lui qui recouvre les noyaux de grünstein empâtés; quant au quartz opaque et aux minéraux sulfurés, leur dépôt n'a eu lieu que lorsque celui du sinople était déjà commencé; il s'est continué avec ce dernier et a probablement duré plus longtemps, jusqu'à l'apparition du quartz de la deuxième période. Les deux premières périodes ont dû être séparées par un mouvement qui a ouvert de nouvelles fentes dans la masse déjà formée et a par endroits brisé cette masse en morceaux que le quartz hyalin a empâtés ensuite, donnant ainsi naissance à une nouvelle brèche. Rien n'indique au contraire qu'un tel mouvement soit survenu entre la deuxième et la troisième période.

Le Spitaler Gang est en rapport avec un grand nombre de fentes situées à son toit ou à son mur.

Au toit on connaît les veines suivantes :

La *Mittersinkner Kluft*, au Carl Schacht, dirigée N. 60 à 75°, plongeant de 55° au sud, atteint dans sa partie est une puissance de près de 2 mètres. Son remplissage est formé de quartz mélangé de calcite manganésifère et renfermant du minerai d'argent aurifère disséminé. La roche encaissante est du grünstein altéré.

La *Hornsteinsinkner Kluft* (V. Pl. VI, n° 15), au Carl Schacht, dirigée N. 22°, plongeant de 50° au sud-est.

La *Mathias Kluft* (V. Pl. VI, n° 14), au Max Schacht, est peu connue ; elle est dirigée N. 25° et plonge de 50 à 60° au sud-est ; elle est formée de quatre veines parallèles qui paraissent avoir été très-exploitées dans les horizons supérieurs du Ferdinand Schacht ; leur remplissage était argentifère.

La *Quirin Kluft* et l'*Erasmus Kluft*, à la Pacherstollen ; leur direction est N. 29° ; leur plongement est de 45° au sud-est pour la première, et de 40° au nord-ouest pour la seconde. Leur remplissage est calcaire ; le seul minéral qu'il contienne est de la pyrite pauvre ; aussi les a-t-on abandonnées après quelques recherches.

La *Clotilde Kluft* suit la Quirin Kluft parallèlement en direction comme en profondeur. Ce n'est pas, à proprement parler, une fente se rattachant au Spitaler Gang; c'est un filon de rhyolithe ne renfermant d'autre espèce minérale que la pyrite jaune, disséminée en petits cubes dans la masse.

La *Hangendkluft*, connue et exploitée à la Michaelistollen, suit le filon sur une certaine longueur ; elle est légèrement sinueuse et paraît le couper deux fois. Elle a à peu près le même remplissage que lui, sauf qu'elle renferme peu de sinople. Dans la partie nord du même champ d'exploitation, on connaît une autre fente, la *Diagonale Kluft*, qui va du filon à la Hangendkluft; elle a le même remplissage, mais elle est encore plus pauvre en sinople et plus riche en pyrite blanche; un peu au delà du point où elle rencontre le filon, celui-ci change de pendage et plonge vers le nord-ouest.

On a signalé aussi, dans les archives des mines, au Carl Schacht la *Zwölfer Kluft* et la *Flache Hangendkluft* et au Ferdinand Schacht la *Michaeli Kluft;* mais ces veines ne sont plus connues aujourd'hui.

Les fentes connues au mur du Spitaler Gang sont beaucoup plus nombreuses et plus importantes. Ce sont les suivantes :

La *Saigere Kluft* (V. Pl. VI, n° 15), au Carl Schacht, dirigée N. 22°, plonge de 76° au sud-est; près du jour son remplissage est formé de quartz et de calcite, il est très-dur; en profondeur, vers le sud, ce remplissage est argileux et tendre. Sa puissance est de 1 mètre environ. Les minerais sont argentifères dans la partie tendre et plombeux dans la partie dure; dans les horizons supérieurs, ces minerais étaient disposés en colonnes riches.

La *Wasserbrucher Kluft* (V. Pl. VI, n° 16), au Carl Schacht, est parallèle à la précédente; elle plonge de 50° au sud-est; elle a dû être riche dans les parties supérieures, mais elle devient tout à fait pauvre en profondeur.

La *Flache Kluft* (V. Pl. VI, n° 17), exploitée au Ferdinand Schacht et au Christina Schacht, et en profondeur au Siglisberger Schacht et au Carl Schacht, est dirigée N. 55°; son pendage est de 25 à 50° au sud-est. Sa puissance est de 50 centimètres à 1 mètre. Dans les niveaux supérieurs son remplissage se compose de quartz grenu imprégné de minerai d'argent et de pyrite; mais en profondeur le minerai précieux disparaît peu à peu pour faire place à un mélange de sinople, de blende et de galène ; le remplissage est alors bréchiforme et extrêmement quartzeux, le gîte devient inexploitable.

Le minerai d'argent dans les niveaux supérieurs était disposé en colonnes riches; au voisinage du minerai la roche encaissante était très-dure et formait des salbandes d'une grande netteté ; cette dureté était un caractère qui faisait reconnaître la présence des colonnes riches.

La *Johann-Nepomuk Kluft* (V. Pl. VI, n° 18), au Carl Schacht, est dirigée N. 80°; elle a donné du minerai d'argent disséminé dans un remplissage quartzeux.

La *Probovna Kluft* et la *Skergeth'sche Kluft* sont analogues à la précédente, que cette dernière paraît couper; elles sont peu importantes. On y a trouvé de bons minerais à l'étage de la Kaiser Franz Erbstollen.

La *Straka Kluft* (V. Pl. VI, n° 19), au Carl Schacht, est dirigée N. 29°; elle plonge de 57° au sud-est. En profondeur, sa puissance est d'environ 50 centimètres. Son remplissage est quartzeux, on y trouve de la manganocalcite, de la galène, de la blende et de la pyrite ; elle n'est pas exploitable.

Le *Wolf Gang*, au Ferdinand Schacht, est dirigé N. 68°; à ses extrémités nord-est et sud-ouest, il est dirigé N. 55°; il plonge au sud-est de 30 à 40° ; son plongement augmente en profondeur; c'est un véritable filon qui se détache du Spitaler Gang; c'est la plus importante des veines situées au mur de ce filon.

Le Wolf Gang se prolonge jusqu'au Biber Gang, mais son intersection avec ce dernier n'est pas connue; on ne sait s'il le coupe ou s'il vient se souder avec lui ; on ne l'a pas encore retrouvé à l'ouest de ce dernier. La roche encaissante est un grünstein très-pénétré de quartz et très-dur. La puissance du filon varie de 2m,60 à 5 mètres. Son remplissage est quartzeux et extraordinairement dur ; il est formé d'une masse bréchiforme à cassure un peu esquilleuse comme celle d'un quartzite; on y distingue des morceaux de grünstein pénétré de quartz, empâtés dans du sinople peu coloré et imprégné de minerai d'argent et de petits grains de pyrite cuivreuse et de galène; le tout est traversé par des veines de quartz très-compacte, presque transparent ou très-légèrement coloré en jaune, probablement par un peu de calcite manganésifère.

Ce remplissage, comme on le voit, procède à la fois des deux remplissages du Spitaler Gang. Le minerai n'y est pas régulièrement disséminé; il est ramassé en petites masses séparées et disposées d'une façon à peu près quelconque.

Le Wolf Gang a été exploité par les anciens dans les niveaux supérieurs, et plus récemment en profondeur; mais à cause de sa dureté exceptionnelle on n'a abattu que quelques points reconnus riches. Aujourd'hui on reprend par endroits l'exploitation des régions abandonnées précédemment, mais cette exploitation est peu fructueuse et ne donne guère que des minerais à bocarder.

La *Roschka Kluft* (V. Pl. VI, n° 20), connue au Christina Schacht, au Max Schacht et à Klingerstollen, est dirigée N. 15° et plonge au sud-est; elle coupe le Wolf Gang ; au nord de ce filon, son plongement est de 45 à 50°, son remplissage est quartzeux et se compose de galène et de pyrite cuivreuse en petites masses, mélangées de blende et de pyrite de fer; au contraire au sud du Wolf Gang son plongement est de 70° et son remplissage est argileux et un peu argentifère et aurifère. Elle a été exploitée avec profit, surtout dans sa partie nord à Klingerstollen.

Dans l'intervalle compris entre le Spitaler Gang, le Wolf Gang et le Biber Gang, il existe un grand nombre de fentes secondaires, non indiquées sur la carte, mais représentées sur la *fig.* 6, Pl. VIII, et dont nous allons dire quelques mots.

Les trois *Rechtsinnische Klüfte*, dirigées N. 65°, plongent au sud-est. Leur puissance varie de 30 centimètres à 1 mètre. Leur remplissage est formé de quartz dur et de manganocalcite; il contient des minerais d'argent disposés en masses très-irrégulières et très-circonscrites; on y trouve en outre de la galène, de la blende et de la pyrite. On ne sait pas si ces fentes coupent le Wolf Gang ni même si elles l'atteignent.

Les trois *Widersinnische Klüfte*, dirigées N. 20 à 40°, plongent au nord-ouest; leur puissance varie de $0^m,30$ à $1^m,30$. Leur remplissage est tendre et argileux; il renferme des noyaux de calcite et de manganocalcite; ces fentes ont été très-riches en minerais d'argent, elles ont été exploitées sur près de 500 mètres en direction et jusqu'à une grande profondeur (*Pyrochslauf*).

L'*Althandler Kluft*, la *Floriani Kluft* et la *Josephi Kluft* ont aussi été reconnues et exploitées en plusieurs points.

Les *Kreuzklüfte*, dirigées N. 130° (N. 50° O.), sont surtout des gîtes de quartz; on les a trouvées minéralisées aux points où elles rencontrent les autres fentes.

Il existe encore d'autres fentes dans la même région; toutes ces veines forment un réseau fort compliqué; elles se coupent sans se rejeter; les remplissages passent de l'une à l'autre sans interruption; les points d'intersection surtout sont riches en minerais. Il est probable qu'un grand nombre de ces fentes ne sont autre chose que les plans de division de la roche encaissante. Quoi qu'il en soit, elles ont donné lieu à une exploitation très-active et très-fructueuse pendant longtemps; cette exploitation se faisait par trois puits : le Christina Schacht, le Wolf Schacht et le Ferdinand Schacht.

Nous avons indiqué dans le courant de la description quels sont les puits qui exploitent le Spitaler Gang et les nombreuses veines situées dans son voisinage. Pour terminer l'histoire de ce gîte si important, nous allons dire en quelques mots quel est l'état actuel de l'exploitation dans ses différentes parties. Dans toute la région argentifère, l'exploitation est pour ainsi dire suspendue, toute la partie située au-dessus du niveau des eaux étant abattue. On est descendu en quelques points au-dessous de la Kaiser Franz Erbstollen; les eaux étaient élevées par le Leopold Schacht et versées dans cette galerie; mais des accidents survenus aux pompes dans ces dernières années ont nécessité un arrêt considérable dans l'épuisement; les machines se sont trouvées ensuite insuffisantes, on a été forcé de suspendre tout travail dans les niveaux inférieurs. On se contente alors d'exploiter les veines dures ou peu riches laissées par les anciens dans les niveaux supérieurs; on recherche aussi dans les vieux travaux les morceaux de minerai laissés au milieu des remblais; cette exploitation des vieux remblais est fructueuse par places, mais elle est difficile et, de plus, elle ne peut être guidée par rien; ce n'est souvent que par hasard que l'on recueille des indices de la présence de ces remblais riches. Cette exploitation des veines dures et des vieux remblais donne une petite quantité de minerais triés et une certaine proportion de minerais à bocarder. Les principales veines dures exploitées ainsi sont la veine du mur du Spitaler Gang au Carl Schacht, la Flache Kluft et le Wolf Gang au Christina Schacht et au Ferdinand Schacht. Au Max Schacht, on exploite la veine du mur du Spitaler Gang, qui, comme nous l'avons vu plus haut, est peu productive.

Dans la région plombeuse, notamment au nord, à la Pacherstollen et à la Michaelistollen, les travaux sont beaucoup plus actifs; au sud, à l'Andreas Schacht et au Sigmund Schacht, ils sont presque suspendus. C'est par ce dernier puits que se fait l'élévation des eaux de la Pacherstollen, qui sont versées dans la Kaiser Franz Erbstollen; presque tous les chantiers productifs sont en contre-bas de cette galerie; les plus profonds sont au niveau du neuvième étage du Sigmund Schacht. A la Michaelistollen, l'exhaure se fait par le Michael Schacht; les eaux sont versées dans la Kaiser Franz Erbstollen; le point le plus bas en exploitation est au septième étage. La branche de la Kaiser Josephi II Erbstollen qui va du Sigmund Schacht à l'Amalia Schacht a recoupé le Spitaler Gang et l'a reconnu divisé en deux veines; celle du mur est étroite et inexploitable; celle du toit a été suivie vers le nord, sur une longueur de 400 mètres environ, par une galerie destinée à recouper les colonnes riches connues à la Pacherstollen; son remplissage est le même qu'au niveau de la Kaiser Franz Erbstollen : il est formé de quartz avec sinople, galène, blende et pyrite cuivreuse. Les colonnes riches n'ont pas encore été retrouvées.

Biber Gang.—Le Biber Gang est connu en direction depuis les étangs de Windschacht jusqu'au Georgstollner Thal. Dans sa partie sud, au Siglisberger Schacht, il est dirigé N.45°; à partir du Christina Schacht, il s'infléchit un peu vers le nord et prend la direction N.29° qu'il conserve jusqu'à l'Amalia Schacht; depuis ce point jusqu'au Gabriel Schacht, il se dirige N. 35°, comme le Spitaler Gang à la Pacherstollen; au delà il s'infléchit de nouveau vers le nord et prend la direction N. 20° qu'il conserve jusqu'à son extrémité. Son pendage est de 40 à 45° vers le sud-est.

Comme le Spitaler Gang, il est formé de plusieurs veines courant plus ou moins parallèlement dans le grünstein; la distance des veines extrêmes est souvent considérable et va parfois jusqu'à 40 mètres. Il est beaucoup moins bien connu que le filon précédent; les travaux d'exploitation se sont portés surtout sur les fentes latérales qui en dépendent. Son remplissage varie de la même façon que celui du Spitaler Gang : il est exclusivement argentifère au sud, tandis qu'au nord il est surtout plombeux; la zone de démarcation entre les deux régions part de la vallée de Klingerstollen et plonge vers le sud-ouest. La nature et la disposition des minerais, l'aspect et la dureté de la roche encaissante varient dans ces deux régions de la même manière qu'au Spitaler Gang; il n'y a que des différences de détail.

Dans la partie argentifère, à la Bartolomaï Stollen, par exemple, on trouve dans le remplissage des veines de sable quartzeux argentifère avec nids de *branderze* (minerais brûlés), au milieu de l'argile; c'est comme si le remplissage primitif de quartz imprégné de minerai d'argent avait été fortement attaqué et désagrégé. Ces branderze sont formés de petits grains d'un brun noir, analogues à des paillettes de fer oxydé; ils sont fort mal cimentés et tombent en poussière lorsqu'ils sont secs; quelquefois ils sont adhérents à des morceaux de quartz carié et ocreux. Ce sont de très-bons minerais, ils sont en général beaucoup plus riches en or que les minerais d'argent ordinaires. On les rencontre assez fréquemment dans le Biber Gang, mais il faut une grande habitude pour les reconnaître et les distinguer des noyaux ocreux de limonite qui se forment dans la masse par suite de l'infiltration des eaux et de la décomposition des pyrites. A côté de ce remplissage argilo-sableux avec branderze, on trouve des veines quartzeuses avec sinople et minerais sulfurés que l'on exploite comme minerais de bocard. Ces veines présentent déjà une grande analogie d'aspect avec le remplissage plombeux.

Dans la région plombeuse, les métaux précieux sont moins abondants qu'au Spitaler Gang.

Enfin, vers son extrémité nord, le Biber Gang pénètre, suivant M. Wiesner, dans les calcaires du Georgstollner Thal; son épaisseur y est réduite à 1 mètre ou $1^{m},50$; son remplissage est alors exclusivement pyriteux; au delà il rentrerait dans le grünstein et redeviendrait riche.

M. V. Lipold (*) pense que le Biber Gang, de même que

(*) M. V. Lipold, *loc. cit.*, p. 427.

le Grüner Gang et le Johann Gang, est un filon de rhyolithe kaolinisée, et que le remplissage métallifère s'est déposé dans les fentes de la masse rhyolithique. Nous avons donné, en décrivant le Grüner Gang, les raisons qui nous empêchent d'admettre cette idée pour ce filon; ces raisons sont tirées de faits qui se retrouvent identiquement semblables au Biber Gang dans sa partie argentifère; de plus, dans sa partie plombeuse, on trouve le grünstein parfaitement caractérisé en contact immédiat avec le remplissage métallifère sans que les travaux de mines aient traversé de rhyolithe dans le voisinage. C'est pourquoi nous croyons, contrairement à M. V. Lipold, que le Biber Gang, comme tous les autres filons qui nous occupent, est encaissé dans le grünstein, altéré dans sa partie sud, bien caractérisé dans sa partie nord, et qu'il n'existe ni à son contact ni dans son voisinage aucun filon rhyolithique.

Les fentes qui se rattachent au Biber Gang et sont situées à son toit sont les suivantes :

La *Franz Kluft* (V. Pl. VI, n° 21), au Siglisberger Schacht, dirigée N. 17°, est connue au huitième et au neuvième étage de ce puits; elle a donné beaucoup de minerai d'argent très-riche.

La *Vorsinkner Kluft* (V. Pl. VI, n° 22), au Siglisberger Schacht, est dirigée N. 60°; elle a été exploitée au niveau de la Kaiser Franz Erbstollen et aux dixième et onzième étages. Son remplissage est formé de quartz et de manganocalcite avec minerais d'argent; on y a trouvé aussi des traces de galène.

La *Biber Gangs Hangendkluft* (V. Pl. VI, n° 23) suit le filon à son toit depuis le Siglisberger Schacht jusqu'à l'Amalia Schacht; c'est la plus importante des veines secondaires en rapport avec le Biber Gang. Sa puissance varie de $0^{m},30$ à 1 mètre. Son remplissage est le même que celui du filon et présente en direction les mêmes variations : ainsi au Christina Schacht, il est formé d'un mélange de quartz et de calcite dans lequel la calcite domine et de minerais d'argent avec pyrite cuivreuse; au Max Schacht, au contraire, et à Klingerstollen, on le trouve en profondeur avec l'aspect bréchiforme et formé de grünstein plus ou moins altéré, de quartz, de sinople et de galène accompagnée de pyrite cuivreuse.

La *Flache Danieli Kluft* (V. Pl. VI, n° 24), à Klingerstollen, se dirige parallèlement au filon dans son voisinage; elle a le même pendage que lui. Cette fente doit être rapprochée de la *Saigere Danieli Kluft* (V. Pl. VI, n° 25), également parallèle au filon en direction; mais celle-ci a un pendage presque vertical, et dirigé en sens inverse, vers le nord-ouest; elle coupe le filon et se trouve à son mur à l'étage de la Kaiser Franz Erbstollen. Ces deux fentes ont une puissance variable de 0m,50 à un mètre; elles se coupent entre le neuvième étage et la Dreifaltigkeit Erbstollen; leur partie commune a été trouvée riche en minerai. Leur remplissage était formé d'un mélange de quartz, de calcite et de manganocalcite accompagné de minerai d'argent. La Saigere Kluft a donné aussi des minerais composés de quartz, calcite, sinople, galène et pyrite cuivreuse.

La *Josephi Kluft* (V. Pl. VI, n° 26), à la Pacherstollen et à la Michaelistollen, est dirigée N. 19°. Elle rejoint le filon près du Gabriel Schacht et paraît être le prolongement sud de la partie du Biber Gang située au nord de ce puits. Elle plonge au sud-est; son remplissage est formé de quartz et de calcite avec de la galène, de la blende et de la pyrite disséminées irrégulièrement ou rassemblées en petites masses dans la gangue pierreuse.

Les fentes du mur sont les suivantes :

Les deux *Kuhaida Klüfte* (V. Pl. VI, n° 27) au Siglisberger Schacht sont dirigées N. 22°; la roche encaissante est du grünstein compacte vert tendre, aphanitique et pyriteux; le remplissage est formé de quartz et de calcite accompagnés de minerai d'argent et de mouches de galène.

La *Wetternicker Kluft* (V. Pl. VI, n° 28) est dirigée est-ouest; son pendage est de 70° au sud. Au toit et au mur, le grünstein est altéré et pyriteux; le remplissage est quartzeux avec minerai d'argent et pyrite cuivreuse; on y rencontre aussi çà et là de la calcite et de la mangano-calcite avec de la galène et de la blende.

La *Morgen Kluft* (V. Pl. VI, n° 29) est également dirigée est-ouest, mais son pendage est de 60° vers le nord; elle rencontre la Wetternicker Kluft, se traîne un certain temps avec elle, puis la traverse; les caractères de la roche encaissante et du remplissage sont les mêmes pour ces deux fentes.

Les deux *Kreuzklüfte*, situées au sud des précédentes, sont dirigées N. 104° (N. 76° O.). Leur remplissage est analogue à celui des Kuhaida Klüfte.

Toutes les fentes du mur dont il vient d'être parlé sont exploitées près du Siglisberger Schacht par la galerie nommée *Wasserrösche*. Les travaux auxquels elles ont donné lieu se sont peu approfondis; les minerais d'argent disparaissent en profondeur; on peut dire que dans cette région les fentes du mur du Biber Gang sont riches aux niveaux supérieurs, tandis que les fentes du toit sont pauvres; ces dernières s'enrichissent à la hauteur où les premières commencent à s'appauvrir, comme si le minerai passait d'un côté à l'autre du filon au fur et à mesure qu'on avance en profondeur; aux niveaux tout à fait inférieurs les veines du toit ont été de nouveau trouvées pauvres.

La *Pauli Kluft* (V. Pl. VI, n° 30), au Christina Schacht, est dirigée N. 84°; elle n'est guère connue que par les vieux travaux aux affleurements.

La *Liegendkluft*, dirigée parallèlement au filon, est connue à la Schmidtenrinn Stollen, à Klingerstollen et au Christina Schacht; sa puissance atteint parfois 2 mètres; son remplissage est analogue à celui du filon dans le voisinage.

Outre les nombreuses fentes dont nous venons de parler,

on peut encore citer une *Saigere Kluft*, une *Josephi Kluft* et la *Johann-Baptista Kluft* à Siglisberg, les *Barbara Kluft*, *Jacobi Kluft* et *Nepomuzeni Kluft* à Klingerstollen, la *Hirschgrunder Kluft* et la *Wolfsstollner Kluft* au Georgstollner Thal.

Comme nous l'avons dit plus haut, le Biber Gang a été relativement moins exploité que ses nombreuses fentes ; ce sont ces dernières qui ont fourni de si grandes quantités de minerais d'argent à Siglisberg et à Windschacht ; le réseau compliqué qu'elles forment dans ces deux localités a été l'objet de travaux dont les nombreuses haldes qui couvrent le sol et le rapprochement des puits attestent toute l'importance. Actuellement, tout ce quartier est peu exploité ; tout est abattu au-dessus du niveau des eaux ; comme au Spitaler Gang, on ne fait que rechercher les quelques points laissés par les anciens ou exploiter les vieux remblais ; il en est de même dans toute la région argentifère du Biber Gang. Dans la région plombeuse, on ne l'exploite plus qu'à la Michaelistollen.

Theresia Gang. — Le Theresia Gang est connu depuis Siglisberg jusqu'au Georgstollner Thal. Dans sa partie sud il est dirigé N. 40° ; près de l'Amalia Schacht, il s'infléchit vers le nord et se dirige N. 10° sur une faible étendue ; il prend ensuite la direction N. 29° jusqu'à la petite vallée qui descend du Paradeisberg ; au col de Rottenbrunn, il est presque nord-sud ; au delà il prend la direction N. 20° qu'il conserve jusqu'à son extrémité nord. Dans sa partie sud, il plonge de 70° au sud-est ; il se redresse quand on s'avance vers le nord, et à Klingerstollen il est vertical ; il reste sensiblement vertical avec de légères variations dans un sens ou dans l'autre jusqu'à Rottenbrunn ; à partir de là, son pendage est dirigé en sens inverse ; il plonge de 75 à 80° vers le nord-ouest. Les affleurements du Theresia Gang sont visibles en plusieurs points, notamment sur le flanc du Paradeisberg au-dessus de la ville de Schemnitz ; là ils constituent de puissants rochers de quartz en forme de dyke; vers le sud on reconnaît aussi ces affleurements aux nombreuses excavations creusées dans le sol.

La roche encaissante est le grünstein, presque partout compacte et non altéré. Le filon est formé de deux ou trois veines parallèles, se réunissant par places pour se séparer ensuite. Son remplissage est variable : dans sa partie sud, aux niveaux tout à fait supérieurs, il est argentifère et la roche encaissante est argileuse et tendre; les affleurements ont été très-productifs dans toute cette région, ils sont complétement exploités depuis longtemps. Ce remplissage argentifère passe très-rapidement au remplissage plombeux.

Ainsi au niveau de la Klingerstollen on n'a plus trouvé de minerais d'argent; la masse du filon est une brèche d'un aspect particulier et tout à fait différent de celui du remplissage bréchiforme du Spitaler Gang, quoique les éléments constituants soient sensiblement les mêmes. Cette brèche se compose de fragments anguleux, de la grosseur d'un œuf au maximum, empâtés dans une masse formée de zones concentriques de sinople de couleur pâle et de quartz jaunâtre qui probablement doit sa couleur à une petite quantité de calcite manganésifère mélangée; dans cette masse on trouve de petites géodes tapissées de cristaux de quartz hyalin. Les morceaux empâtés proviennent de la destruction d'un remplissage antérieur; ils ont eux-mêmes un aspect bréchiforme et contiennent, avec du grünstein très-fortement pénétré de quartz et des parties tout à fait quartzeuses, un mélange de galène, blende et pyrite cuivreuse dans lequel la blende, de couleur jaunâtre, paraît dominer. Quelques-uns de ces fragments contiennent aussi du sinople pâle comme celui qui constitue la masse; enfin cette dernière présente aussi des cristaux nets de sulfures, surtout de blende, intercalés entre les zones concentriques de sinople et de quartz. Cette disposition montre qu'à la suite d'un premier dépôt bréchiforme avec noyaux de grünstein pénétrés de quartz, le remplissage a été brisé par suite d'un mouvement de la roche encaissante qui n'a pas modifié la nature des émanations circulant dans le filon, et que les fragments de ce premier remplissage ont ensuite été empâtés dans un dépôt identique au premier quant aux éléments, différent seulement par la manière dont ces éléments se sont disposés.

Au niveau de la Dreifaltigkeit Erbstollen, ce remplissage change d'aspect, le sinople et le quartz disparaissent presque complétement et la proportion de galène et de blende augmente. On a trouvé à ce niveau trois colonnes riches de galène séparées par des intervalles tout à fait stériles dans lesquels le filon se réduit à de simples fentes dans un grünstein très-dur et très-compacte, mais toujours un peu pyriteux. Dans ces colonnes riches, la galène est toujours mêlée de blende et de pyrite cuivreuse ; celle-ci est souvent en beaux cristaux dans les géodes de quartz qui se rencontrent dans la masse. Presque toujours les cristaux de quartz qui tapissent ces géodes sont recouverts d'un enduit de calcite cristallisée et nacrée. On trouve quelquefois dans ces géodes de la barytine en très-beaux cristaux d'un centimètre de diamètre et de plus d'un centimètre de longueur, présentant la base *P* et les faces *M* avec les troncatures $b^{1/2}$. On rencontre assez fréquemment aussi de petits cristaux de manganocalcite réunis en houppes nacrées très-élégantes. Plus bas, au troisième étage de l'Amalia Schacht, par exemple, le remplissage devient presque exclusivement quartzeux ; il est très-dur et tout à fait stérile.

Dans toute sa région nord, le Theresia Gang a un remplissage analogue à ceux du Biber Gang et du Spitaler Gang dans le voisinage : comme le Biber Gang, il traverserait les calcaires du Georgstollner Thal et y serait rempli de pyrite ; on le retrouverait riche plus loin, à sa rentrée dans le grünstein.

Les fentes qui se rattachent au Theresia Gang sont peu

nombreuses : au sud, dans le champ d'exploitation du Christina Schacht, à l'étage de la Kaiser Franz Erbstollen, on a reconnu la *Blei Kluft* (V. Pl. VI, n° 31), qui a la même direction que le filon et paraît n'être que son prolongement. Son remplissage est quartzeux et galéneux ; elle est inexploitable.

La *Max Kluft* (V. Pl. VI, n° 32), située au mur de la précédente, est dirigée N. 65° ; son pendage est sud-est.

A Klingerstollen on a trouvé, outre une veine au mur peu importante, une veine au toit à laquelle on a donné le nom de *Himberger Gang* (V. Pl. VI, n° 33) ; sa puissance varie de 30 à 60 centimètres ; son remplissage est quartzeux et galéneux ; elle paraît se réunir au filon en profondeur ; elle a été exploitée en quelques points à Klingerstollen et à Schmidtenrinnstollen.

Actuellement, le Theresia Gang n'est plus exploité que dans le quartier de l'Amalia Schacht.

A l'ouest de l'extrémité nord du Theresia Gang, à la naissance du Georgstollner Thal, se trouvent deux gîtes désignés sous les noms de *Maria Empfängniss Gang* et de *Quarz Lager*. Le premier (V. Pl. VI, n° 40) est une veine dirigée N. 15° avec un pendage à l'est ; son remplissage est argileux ; il contient du quartz et de la calcite avec des minerais d'argent, mais ces derniers sont disposés en petites masses distinctes très-circonscrites. Le Quarz Lager (V. Pl. VI, n° 41), dirigé N. 45°, plonge presque verticalement vers l'est ; sa puissance est de 12 mètres ; il est formé d'un quartz massif, blanc, poreux, non cristallin ; on y trouve des minerais d'argent aurifères et des pyrites aurifères remplissant des géodes disséminées irrégulièrement dans la masse de quartz sur toute l'épaisseur du filon. Vers le nord, le quartz devient compacte et le minerai disparaît : plus loin le gîte paraît se bifurquer. Le Quarz Lager ne paraît pas devoir être considéré comme un filon ; c'est plutôt un amas de quartz, métallifère par endroits, stérile dans la plus grande partie de sa masse; peut-être n'est-ce qu'une couche de quartzite.

Ochsenkopfer Gang. — A l'ouest du Theresia Gang, sur le flanc ouest du Paradeisberg, affleure un filon exploité autrefois à Gedeonstollen et aussi à Klingerstollen, mais dont l'exploitation est suspendue depuis longtemps. Ce filon, nommé Ochsenkopfer Gang, est formé d'un système de fentes nombreuses courant dans le grünstein. Sa direction est variable, elle est en moyenne N. 10°; son pendage est dirigé vers le sud-est. L'intervalle compris entre les fentes extrêmes est d'environ 12 à 14 mètres; parmi ces fentes, on en trouve trois à peu près constantes, qui sont réunies entre elles et croisées par d'autres fentes intermédiaires et moins importantes. Ces dernières ont un plongement, tantôt dans la même direction que le filon, tantôt dans une direction contraire.

Le remplissage de l'Ochsenkopfer Gang est en général très-quartzeux et très-dur; il est rarement argileux. On y trouve des minerais d'argent, surtout des branderze disséminés dans la masse de quartz ou déposés dans de petites veinules ou dans des géodes; le quartz est souvent accompagné de calcite manganésifère.

Un peu au nord du champ d'exploitation de la Gedeonstollen, on a exploité, sous le nom de *Heiliger-Geiststollner Gang*, une veine de direction très-variable et plongeant au nord-ouest, c'est-à-dire en sens inverse du filon précédent; on la considère néanmoins comme son prolongement. Son remplissage est du reste analogue, et composé de quartz avec branderze; en profondeur on y a trouvé aussi de la galène, de la blende et de la pyrite cuivreuse.

Au delà, à la Michaelistollen, on a recoupé et exploité un filon nommé *Roxner Gang*, dirigé N. 10° dans sa partie sud et s'infléchissant un peu vers le nord dans sa région septentrionale; son pendage est dirigé vers l'ouest, comme celui du Theresia Gang dans le même champ d'exploitation.

Il est considéré aussi comme étant le prolongement de l'Ochsenkopfer Gang. Son remplissage est formé de quartz mélangé de galène, de blende, de pyrite et de minerais d'argent.

Enfin, au nord de la Michäelistollen, sur le versant droit de la vallée d'Eisenbach, au-dessus du Rossgrunder Teich, on a exploité, sous le nom de *Markus und Anna Gang*, une veine dirigée N. 5° et plongeant vers l'est; on y trouve une assez grande quantité de barytine, souvent en beaux cristaux. Cette veine paraît également être le prolongement de l'Ochsenkopfer Gang.

Ce dernier filon devrait alors être considéré comme s'étendant en direction sur une longueur analogue à celle des grands filons de Schemnitz et présentant la même variation de remplissage; il aurait, comme le Theresia Gang, un plongement sud-est dans sa partie sud et nord-ouest dans sa partie nord; à son extrémité septentrionale, il plongerait de nouveau à l'est.

Les fentes que l'on peut rattacher à ce filon sont les suivantes :

La *Johann Kluft* (V. Pl. VI, n° 34), dirigée N. 42°, plonge de 70° au sud-est; son remplissage est quartzeux; elle contient des branderze, de la galène et de la blende; cette fente a été aussi considérée comme le prolongement sud de l'Ochsenkopfer Gang.

L'*Urbani Kluft*, au voisinage de la précédente, n'est pas exploitable.

La *Buccali Kluft* (V. Pl. VI, n° 35) est située au mur de la Johann Kluft; sa direction et son inclinaison sont les mêmes que celles de cette dernière fente; son remplissage est également le même.

La *Philip Jacob Kluft* (V. Pl. VI, n° 36), à Gedeonstollen, est située au mur de l'Ochsenkopfer Gang; sa direction est N. 22°; vers le nord elle se divise en deux veines; elle est considérée comme inexploitable.

A la Michaelistollen, au mur du Roxner Gang, on a recoupé deux veines qui lui sont parallèles, la *Ferdinand Kluft* (V. Pl. VI, n° 37) et la *Caroli Kluft* (V. Pl. VI, n° 38). La première plonge vers le sud-est, c'est-à-dire en sens inverse du filon; la seconde, au contraire, plonge comme le filon.

Dans la même région on a recoupé au toit du filon une autre veine à laquelle on a donné le nom de *Neuhoffnungs Gang;* son pendage est le même que celui du filon; son remplissage est formé d'un mélange de calcite et de fer carbonaté; il contient en outre des minerais d'argent; il est percé de géodes dans lesquelles on a trouvé de fort belles améthystes.

A l'ouest de l'Ochsenkopfer Gang, mais à une assez grande distance, on a reconnu les veines suivantes :

La *Lobkowitz Kluft*, dirigée N. 40°, plongeant de 45° au sud-est; son remplissage est quartzeux.

L'*Amalia Kluft*, dirigée N. 29°, plongeant de 50° au sud-est; elle a fourni beaucoup de minerai d'argent, qui s'y trouvait condensé dans une colonne d'une faible étendue; son remplissage est surtout calcaire.

La *Martini Kluft*, parallèle à la précédente; elle a une puissance de près de 2 mètres; son remplissage est également calcaire, il pénètre de part et d'autre dans de petites fentes ouvertes dans le grünstein.

La *Katharina Kluft*, parallèle en direction aux deux précédentes, mais d'un plongement plus voisin de la verticale; sa puissance est de près de 1 mètre, son remplissage est calcaire. Ces trois dernières veines (V. Pl. VI, n° 39) ont été exploitées sur une assez grande étendue en direction, de 400 à 500 mètres, par la *Martini Stollen*.

Dans la vallée d'Hodritsch, au-dessous de l'Unterer Hodritscher Teich, on a exploré une veine désignée sous le nom de *Bärenleitner Gang;* sa direction est N. 45°; son remplissage est formé de quartz presque pur, massif, coloré en rouge et percé de géodes; on y rencontre de la galène, de la pyrite de cuivre, de la pyrite de fer et quelques branderze argentifères. Non loin de là, près de l'étang supérieur de la vallée d'Hodritsch, se trouve la *Kupfer Kluft;* c'est un puissant gîte de quartz, renfermant de la pyrite de cuivre ; elle est peu connue.

Toutes ces veines ne sont plus exploitées aujourd'hui; on fait cependant çà et là quelques travaux de recherche, notamment au Markus und Anna Gang.

Filons de Moderstollen. — Les filons exploités à Moderstollen sont au nombre de deux, le *Hauptgang* et le *Gold Gang.*

Hauptgang. — Le Hauptgang est connu sur une assez faible longueur en direction ; il affleure sur un monticule situé entre Kopanitz et Moderstollen, et dont le sommet fait partie de la ligne de partage des eaux entre le Reichauer Thal et le Kohutower Thal, tributaire de la vallée d'Hodritsch. Il est aujourd'hui le siége d'une exploitation assez importante. Sa direction est sensiblement nord-sud ; son pendage, dirigé vers l'est, est variable, il est en moyenne de 40°. Dans la partie sud, le pendage diminue au fur et à mesure qu'on s'avance en profondeur ; vers le nord ce pendage est plus fort et diminue moins rapidement en profondeur. La puissance du filon est également variable ; elle est d'autant plus considérable que le pendage est plus faible ; vers le sud, dans les niveaux inférieurs, elle va jusqu'à 5 et 6 mètres.

Dans la partie sud le filon est accompagné à son toit de plusieurs veines parallèles qui se réunissent avec lui en profondeur. Entre ces veines et le filon principal, se trouvent une série de veines diagonales dont la direction est N. 40 à 50°, et dont la puissance est assez considérable ; elles ont été activement exploitées. Elles se prolongent sur une certaine longueur en dehors de l'espace occupé par le filon et les fentes parallèles ; généralement leurs points de croisement avec les veines principales sont riches en minerais;

mais ces croisements ne sont jamais accompagnés de rejets ; les veines qui se croisent se rapprochent insensiblement, se confondent sur une certaine étendue et se séparent ensuite.

Dans la partie nord, les veines du toit disparaissent ; le filon présente plusieurs déviations brusques sans cassure apparente ; il est de plus coupé par un grand nombre de fentes argileuses ; il est ainsi formé de tronçons successifs très-courts, conservant la direction primitive du filon, se rattachant l'un à l'autre dans le cas de simple déviation par des parties courbes tantôt étranglées tantôt puissantes, complétement séparés dans l'autre cas. Cette disposition rend l'exploitation de cette partie du gîte très-difficile. Les difficultés sont encore augmentées par l'incertitude où l'on est de l'effet produit par les croiseurs argileux ; la règle de Schmidt est absolument inapplicable ; aussi, toutes les fois que l'on rencontre un croiseur non reconnu aux niveaux supérieurs, pousse-t-on en même temps une galerie de recherche à droite et une à gauche pour retrouver le filon. L'expérience a montré que l'on ne pouvait tirer aucune indication de l'observation des directions et des plongements relatifs du filon et des croiseurs. L'examen de ces croiseurs montre facilement, du reste, qu'il doit en être ainsi : leur puissance est très-faible et dépasse rarement 4 à 5 centimètres, l'argile tout à fait plastique qui les remplit présente *des stries dirigées horizontalement* qui montrent bien que les mouvements qui ont produit le rejet n'ont pas eu lieu suivant la ligne de plus grande pente du croiseur comme cela arrive quand la pesanteur seule agit, et comme le suppose la règle de Schmidt, mais que ces mouvements se sont effectués surtout dans le sens horizontal, sous l'impulsion d'une poussée latérale au terrain brisé. Ceci n'est du reste pas un fait isolé dans le district de Schemnitz ; nous aurons encore dans la suite l'occasion de le signaler à plusieurs reprises. Ces croiseurs sont surtout très-nombreux et très-rapprochés dans la partie du filon qui se trouve sous un mamelon de grünstein très-élevé situé au nord de Moderstollen, et dont la masse tout entière est, du reste, hachée de fentes argileuses semblables, dirigées dans tous les sens.

Le remplissage du Hauptgang n'est pas le même en tous ses points : vers le sud il se compose d'un quartz dur, jaunâtre, criblé de petites cavités, qui paraît être une brèche formée de petits morceaux de quartz anguleux empâtés dans une masse également quartzeuse; ces petites cavités sont remplies de grains de minerais d'argent noirs; mais le plus souvent ce minerai est comme dissous dans le quartz, qui présente alors une simple coloration d'un noir bleuâtre plus ou moins intense ; aussi la majeure partie du filon ne produit-elle que du minerai à bocarder et fort peu de minerai trié. Cette partie quartzeuse du filon sert pour ainsi dire d'arête au mamelon de grünstein qui sépare Kopanitz et Moderstollen. Vers le nord, l'aspect du remplissage se modifie complétement; il est toujours bréchiforme; les fragments empâtés sont petits, très-anguleux et formés de grünstein vert pyriteux ou d'une matière feldspathique rougeâtre; ils sont agglomérés par une masse feldspathique et calcaire, parfois un peu décomposée, mais dont la proportion est relativement faible par rapport à celle des fragments empâtés. Ce remplissage est criblé de petits cristaux de pyrite aurifère. Les minerais y sont disposés en petites masses agglomérées formées de pyrite cuivreuse aurifère et des différentes espèces noires de l'argent. On n'y a pas signalé de galène ni de blende. Cette partie du filon donne à la fois des minerais triés et des minerais de bocard. L'argent extrait des minerais du Hauptgang est très-aurifère.

Le Hauptgang est exploité par plusieurs galeries situées à des hauteurs différentes, dont la principale, la plus profonde, porte le nom de *Moderstollner Erbstollen*, et vient déboucher au nord de Moderstollen dans le Kohutower Thal. Celles des niveaux supérieurs sont très-anciennes, elles ont été faites à la pointerolle. En un point des affleurements du filon, vers le sud, on a fait des travaux au jour très-considérables et poussés à une grande profondeur. On peut entrer par la galerie de fond, remonter le filon dans toute sa hauteur (240 mètres environ), et sortir par ces vieux travaux aux affleurements. Les anciens n'y avaient exploité que les parties les plus riches ; comme la roche au toit est imprégnée de minerai à une certaine distance et qu'elle peut donner de bons minerais de bocard, on l'exploite encore actuellement par une méthode plus économique que recommandable : on laisse le toit des excavations s'ébouler par le temps, et, lorsqu'un éboulement a eu lieu, les ouvriers viennent trier les parties riches, puis on attend un nouvel éboulement. Ces éboulements sont quelquefois considérables; il y a quelques années, l'un d'entre eux amena un mouvement de terrain tel qu'une galerie supérieure qui peut donner accès dans les vieux travaux et qui sert encore à l'entrée et à la sortie des ouvriers se trouva coupée et complétement barrée par suite du glissement d'une masse énorme du toit du filon.

Gold Gang.—Le Gold Gang est dirigé nord-sud, il plonge de 50° à l'ouest en sens inverse du filon précédent. Son remplissage est surtout feldspathique et très-peu quartzeux. Les minerais y sont disposés en petites masses très-circonscrites et irrégulièrement disséminées dans l'étendue du filon. Ils contiennent les espèces noires de l'argent, mélangées de beaucoup de pyrite aurifère. L'argent qu'on en extrait est très-fortement aurifère, il contient jusqu'à 35 p. 100 d'or ; c'est ce qui a fait donner à ce filon le nom de Gold Gang. Il n'est plus exploité aujourd'hui, par suite de l'affluence es eaux dans les niveaux inférieurs.

FILONS DANS LA SYÉNITE.

Les filons encaissés dans la syénite sont exploités dans

les deux vallées d'Hodritsch et d'Eisenbach. Ils diffèrent sensiblement de ceux qui sont encaissés dans les grünsteins ; ils sont le plus souvent constitués par une veine unique, presque toujours puissante, remplie de quartz ou de calcite ou d'un mélange de ces deux matières ; les minerais qui s'y rencontrent sont exclusivement des minerais d'argent ; mais de part et d'autre du filon, la syénite est criblée de petits cristaux de pyrite pauvre comme le grünstein au voisinage des filons de Schemnitz. Cette syénite est tantôt dure et solide, tantôt décomposée : mais les épontes du filon sont presque toujours nettes. Si la syénite a été quelquefois modifiée au contact de la veine par le voisinage de son remplissage pierreux, elle n'est presque jamais imprégnée de minerais d'argent.

Nous étudierons successivement les deux groupes d'Hodritsch et d'Eisenbach.

FILONS DE LA VALLÉE D'HODRITSCH.—Les filons connus dans la vallée d'Hodritsch sont les suivants : l'Allerheiligen Gang et ses prolongements, le Joseph Gang, le Nikolai Gang, le Finsterorter Gang, le Brenner Gang, le Katharina Gang, les Johann-Baptista Gang, Johann-Nepomuk Gang et Schöpfer Gang, le Neu-Anton Gang et le Colloredo Gang.

Allerheiligen Gang. — L'Allerheiligen Gang n'est pas un filon proprement dit, c'est un gîte de contact : il a pour mur la syénite et pour toit un grünstein assez généralement quartzifère. Il est dirigé parallèlement à la vallée d'Hodritsch ; ses affleurements sont sur le versant droit de cette vallée ; dans sa partie ouest, il est dirigé N. 65°, il s'infléchit ensuite très-fortement vers le sud pour revenir par un coude brusque dans une direction presque nord-sud ; dans sa partie est, sa direction est N. 85° ; il suit les inflexions de la surface de la syénite qu'il recouvre. Son pendage, comme celui de cette surface, est dirigé vers le sud ; il est de 20° en moyenne.

Ce gîte est formé de plusieurs veines ; l'intervalle des veines extrêmes varie beaucoup ; la masse comprise dans cet intervalle est composée de quartzites et d'aplites. Le remplissage de ces veines est variable ; il est généralement quartzeux, d'apparence quelquefois bréchiforme avec noyaux de grünstein pénétré de quartz et de quartzite empâtés ; quelquefois ce remplissage est feldspathique ; on y rencontre également de la calcite, mais plus rarement. Les minerais contenus dans ce remplissage sont des minerais argentifères et aurifères : la stéphanite, l'argent rouge, la pyrite cuivreuse et les branderze ; ces derniers sont déposés dans les cavités irrégulières d'un quartz opaque et d'aspect carié ; on ne rencontre jamais ni blende ni galène.

Dans les travaux d'exploitation de l'Allerheiligen Gang, on a suivi surtout deux veines principales, l'une au mur, l'autre au toit du filon. La veine du mur est plus continue et plus régulière que celle du toit. De ces veines principales partent un grand nombre de petites veinules qui s'enfoncent dans la syénite au mur et dans le grünstein au toit, ce qui fait que, par places, toute la roche adjacente est minéralisée à une certaine distance des veines ; dans le grünstein ces veinules sont surtout riches en calcite ; au voisinage, le grünstein est profondément altéré ; sa couleur est presque blanche et l'on n'aperçoit plus que la place des piles de mica et des cristaux d'amphibole ; on y distingue beaucoup de grains de quartz hyalin. En plusieurs points, les épontes des veines principales sont d'une netteté admirable : la surface de la roche est polie comme un miroir ; on y distingue des stries indiquant la direction du glissement relatif qui a eu lieu entre le toit et le mur, soit à la suite de la formation de la fente primordiale, soit après le dépôt du remplissage du filon ; il est très-probable que ce mouvement, qui a si bien poli les épontes, a eu lieu avant le remplissage des fentes, car ce dernier ne présente pas de cassures et ne porte aucune trace des dislocations qui se seraient certainement produites dans sa masse s'il eût existé au moment où ce mouvement s'opérait. La direction des stries de glissement n'est jamais celle de la ligne de pente du filon ; en plusieurs points nous avons vu ces stries faisant avec la ligne de pente un angle voisin de 40°, ce qui montre qu'ici, comme à Moderstollen, les mouvements de terrain ont eu pour causes des forces latérales. En un point du filon, dans des vieux travaux, près d'un chantier à la pointerolle en parfait état de conservation, nous avons rencontré dans la masse même de remplissage d'une des veines principales, vers le toit de cette veine, une fente de puissance variable, de 5 à 20 centimètres environ, remplie d'une masse bréchiforme ayant tout à fait l'aspect d'un *conglomérat de cailloux roulés.* Ces cailloux sont des débris quartzeux de grosseur variable, atteignant parfois celle d'une noix ; ils présentent très-rarement des traces de minerai ; le ciment qui les agglomère est en partie calcaire, il est peu résistant. La présence de ce conglomérat, qui ressemble tout à fait à du béton, au contact même du filon et affectant lui-même la forme d'un filon se poursuivant sur une grande étendue, est assez singulière. Nous pensons que sa formation ne peut être que très-difficilement attribuée à des causes extérieures, quoique le ciment ne présente aucun des caractères d'un dépôt de filon. La région où il se rencontre est en effet à une trop grande profondeur au-dessous des affleurements pour que les eaux extérieures aient pu venir y déposer des cailloux roulés. On ne rencontre, du reste, dans ces cailloux ni fragments de syénite ni morceaux de grünstein, comme cela arriverait certainement s'ils avaient été amenés du dehors.

Outre les veines qui forment le filon proprement dit, on en connaît quelques autres, notamment, dans la région ouest, la *Liegendkluft*, dans la syénite ; cette veine et le filon principal sont arrêtés tous deux à une *Kreuzkluft* dirigée sensiblement nord-sud et tout à fait stérile. Cette fente est peu connue ; on ne sait si elle croise le filon en le rejetant ou si elle l'arrête; des travaux faits dans le but de recouper le filon de l'autre côté de cette veine n'ont encore donné aucun résultat. Il y a, du reste, d'autres croiseurs, mais tout aussi mal connus; ils n'ont été découverts que quand on a repris l'exploitation des vieux travaux en quelques points; nous en avons vu un, qui consiste en une petite fente argileuse produisant un rejet de quelques décimètres seulement.

On pourrait au premier abord s'étonner du peu de connaissances que l'on a sur un gîte aussi important et qui a donné lieu a une exploitation aussi considérable que l'Allerheiligen Gang; cela tient à ce que cette exploitation est très-ancienne et qu'on n'a conservé sur elle aucun document précis. Elle a laissé des vides immenses qui montrent que le minerai était rassemblé dans le filon par masses considérables et qu'au voisinage de ces masses la roche encaissante était imprégnée de minerai jusqu'à une grande distance; quelques-uns de ces vides se sont éboulés en partie, de sorte que les galeries que l'on a dû conserver pour l'exploitation actuelle sont d'une irrégularité dont rien ne peut donner une idée et qui fait que les plans de mines ne donnent que des indications peu nettes sur l'allure exacte du gîte et n'en donnent aucune sur les détails qu'a présentés cette allure aux anciens exploitants. Toute la partie du gîte située au-dessus de la Kaiser Franz Erbstollen est abattue; depuis longtemps on ne fait plus que rechercher dans les vieux travaux les veines dures que les anciens ont laissées, ou dans les remblais les morceaux de minerai de scheidage ou de minerai de bocard qui peuvent s'y trouver. On espère que la grande richesse que possédait le gîte au-dessus de la Kaiser Franz Erbstollen ne s'arrête pas brusquement et que, lorsqu'on aura recoupé le filon au niveau de la Kaiser Josephi II Erbstollen, l'exploitation donnera de nouveau de bons résultats.

Rabensteiner Kluft.—A l'est de l'Allerheiligen Gang, dominant la vallée d'Hodritsch et presque tout le pays aux environs, se trouvent les rochers de quartzite du Rabenstein (V. Pl. VI, n° 42). Ces quartzites sont minéralisés par places; on les trouve imprégnés de pyrite et de minerais argentifères; ils contiennent fréquemment de l'hématite mamelonnée remplissant de petites cavités.

Ils ont été anciennement le siége d'une exploitation très-importante, comme l'attestent les éboulis considérables formés par les vieilles haldes sur le flanc de la vallée et de nombreuses et profondes excavations, en forme de fentes très-étroites, à peine assez larges pour qu'un homme puisse y passer. On ne sait pas de quelle époque date cette exploitation. On n'a aucune donnée sur l'importance du gîte en profondeur; les principales fentes ouvertes sont parallèles à la vallée; elles pouraient bien n'être que le prolongement vers l'est de l'Allerheiligen Gang.

Pauli Gang. — Le Pauli Gang est situé à l'est du Rabensteiner Fels; on a réuni sous ce nom un ensemble de veines courant dans les quartzites qui séparent ici les syénites des grünsteins. Cet ensemble forme un gîte dirigé N. 40° et plongeant au sud-est. Les fentes sont généralement larges; elles hachent le quartzite dans tous les sens et se croisent fréquemment entre elles; elles se prolongent parfois jusque dans la syénite, qui est pyriteuse et altérée à leur contact. Le remplissage de ces fentes est bréchiforme; les fragments empâtés sont de la syénite, du quartzite ou du grünstein; ils sont pris dans une masse de quartz criblée de petites cavités dans lesquelles sont déposés des minerais d'argent, de la galène et de la pyrite cuivreuse avec un peu de blende. L'abatage donnerait très-peu de minerai trié, mais beaucoup de minerai à bocarder.

Le Pauli Gang n'est plus exploité, non par suite de son épuisement, mais parce que le transport du minerai, depuis l'ouverture de la galerie jusqu'au fond de la vallée, dans les ateliers de préparation mécanique est beaucoup trop dispendieux et coûterait plus que la valeur qu'on en retirerait; la pente est tellement rapide qu'il est impossible d'effectuer ce transport autrement qu'à dos de cheval.

Josephi Gang. — Le Josephi Gang affleure au nord des gîtes précédents, près du sommet du massif syénitique qui sépare les deux vallées d'Hodritsch et d'Eisenbach. Il est dirigé sensiblement N. 35°; dans sa partie sud, il s'infléchit vers l'ouest et se divise en deux veines; son pendage est sud-est et varie de 25 à 45°. Il est encaissé dans la syénite et court parallèlement à un filon de grünstein qui affleure au-dessus de lui au sommet même du Rumplocka Vrh.

Le remplissage du Josephi Gang est généralement très-quartzeux; tantôt le quartz est massif, tantôt il forme seulement la pâte d'une brèche dont les fragments sont composés d'une masse syénitique ou feldspathique. On trouve fréquemment le quartz présentant l'empreinte très-nette de gros cristaux rhomboédriques; il a été déposé sur de la calcite et s'est moulé exactement sur les cristaux, qui par la suite ont disparu complétement; ils ont été dissous par des eaux acides qui ont circulé ultérieurement dans le filon. Les faces des cavités rhomboïdales empreintes dans ce quartz sont tapissées de petites paillettes brunes brillantes de fer carbonaté. La salbande du mur est généralement très-argileuse.

Les minerais trouvés dans le Josephi Gang se composent surtout d'espèces de l'argent, stéphanite et argent rouge, accompagnées de galène, de pyrite cuivreuse et de calcite. En général ces minerais n'occupent que la moitié de l'épaisseur du filon, du côté du toit; ils sont disposés en nids ou en géodes dans les parties supérieures du gîte, en veinules dans les parties inférieures. Le filon renferme en outre beaucoup de pyrite.

Le Josephi Gang n'est plus exploité actuellement, pour la même raison que le Pauli Gang.

Nikolai Gang. — Le Nikolai Gang n'est plus exploité ; il est peu connu. M. V. Lipold l'indique (*) comme affleurant sur le versant gauche du petit vallon dans lequel se trouve le village d'Hodritsch, avec la direction N. 15° et un pendage à l'est.

Brenner Gang et Finsterorter Gang. — Les affleurements du Brenner Gang viennent couper la vallée d'Hodritsch au-dessus du Leopold Schacht. Dans cette région, la direction du filon est N. 15°; plus au nord, il s'infléchit à l'est, prend la direction N. 35° et se rapproche insensiblement du Finsterorter Gang; sur une certaine étendue, les deux filons ne sont séparés que par un massif de syénite de 30 à 50 centimètres d'épaisseur; au delà ils paraissent se séparer, mais le Brenner Gang n'est plus connu. Son pendage est de 65 à 70° à l'est; sa puissance est variable, elle est en général de plus d'un mètre. Il est encaissé dans la syénite; les épontes sont presque toujours nettes et quelquefois polies. A son mur et à son toit, à peu de distance, on trouve deux filons de grünstein qui lui sont sensiblement parallèles.

Le Brenner Gang est accompagné de trois veines au mur et d'une veine au toit; ces veines sont parallèles au filon ; elles ont été productives en quelques points, notamment dans la partie sud.

Le remplissage du Brenner Gang est généralement composé d'un mélange de quartz et de calcite manganésifère dans lequel le quartz domine ; ce quartz est en général saccharoïde, à cassure rugueuse, criblé de petites cavités ; on y voit souvent un dépôt jaunâtre caverneux de calcite lamellaire ; quelquefois la masse est hachée par des lames de barytine qui ont disparu ; presque toujours elle empâte des blocs considérables de syénite. Ce remplissage pierreux est imprégné de minerais d'argent composés de sulfures noirs simples ou complexes et d'argent rouge; on y

(*) M. V. Lipold, *loc. cit.*, p. 440.

trouve aussi de la pyrite cuivreuse et aurifère, et rarement de la galène en petites lamelles. Ces minerais sont disposés en masses considérables et très-étendues; généralement la syénite au contact est en partie décomposée. Au voisinage du point où il se rapproche du Finsterorter Gang, le remplissage du Brenner Gang devient très-géodique; ces géodes tapissées de quartz sont souvent de grandes dimensions et sont en partie remplies par des fragments du remplissage même, cimentés par des oxydes de fer et de la pyrite accompagnés fréquemment de branderze. D'autres fois elles sont au contraire remplies d'une substance blanche, pulvérulente, douce au toucher, happant très-fortement à la langue, et composée surtout de silice hydratée soluble dans la potasse à froid. L'analyse d'un échantillon a donné les résultats suivants :

Résidu insoluble dans la potasse	SiO^3	5,66
	Al^2O^3	7,00
	CaO	2,00
	MgO	»
Silice soluble (par différence)		51,01
	Perte au feu	34,33
		100,00

Cette silice se rencontre assez fréquemment; sa formation ne peut être attribuée qu'à la précipitation d'eaux très-siliceuses, qui ont circulé dans les géodes après le dépôt du remplissage.

La partie sud du Brenner Gang a donné lieu à une exploitation considérable; presque toute la masse du filon était minéralisée. Il est complétement abattu dans cette région au-dessus de la galerie d'écoulement qui débouche au fond de la vallée; aujourd'hui les travaux portent surtout sur la région voisine du Finsterorter Gang.

Le Finsterorter Gang est dirigé nord-sud; son pendage est de 45 à 50° à l'est; d'après cela son intersection avec le Brenner Gang devrait plonger vers le nord; mais, par suite d'irrégularités de direction et de pendage dans les deux gîtes, c'est l'inverse qui a lieu : au point où on l'exploite actuellement, cette intersection plonge au sud. Au delà de cette intersection le filon paraît se ramifier, il n'est plus guère connu.

Le Finsterorter Gang se compose de deux veines parallèles et peu distantes l'une de l'autre, encaissées dans la syénite, avec des épontes nettes et souvent polies, ayant à leur mur, à une faible distance, un filon de grünstein qui leur est parallèle. Ces deux veines se rapprochent parfois l'une de l'autre et se confondent presque ; leur puissance varie de 1 à 2 mètres. C'est la veine du mur qui paraît la plus importante ; elle est elle-même divisée en deux feuillets qui se séparent par endroits et se réunissent plus loin ; en général, toute la masse de syénite qui sépare les deux veines ou les deux feuillets de la veine du mur est fendillée dans tous les sens et imprégnée par le remplissage de ces veines. Ce remplissage est le même que celui du Brenner Gang ; les minerais y sont disposés par colonnes riches presque verticales plongeant un peu vers le nord. Ces colonnes correspondent presque toujours aux points où les veines se rapprochent le plus l'une de l'autre ; la plus importante de ces colonnes est celle qui se trouve au voisinage du Brenner Gang, à la fois dans les deux filons. Comme au Brenner Gang, la roche encaissante est généralement décomposée près des masses de minerai.

La partie sud du filon est complétement abattue ; les travaux portent surtout sur la région voisine du Brenner Gang.

Les deux filons dont nous venons de parler ont été très-anciennement exploités ; les galeries des niveaux supérieurs sont tout entières à la pointerolle ; quelques-unes datent du XVe siècle.

Anton Gang et Katharina Gang. — L'Anton Gang et le Katharina Gang, connus aussi sous le nom de *Thiergartner Gänge*, ne sont plus exploités aujourd'hui. Le premier est dirigé N. 15° dans sa partie sud ; dans sa partie septentrionale, il s'infléchit un peu en se rapprochant du nord ; son pendage est de 50° à l'est. Le second est dirigé presque nord-sud ; son pendage est de 45° à l'est. Leur puissance est en général de 1 à 1^{m},30 ; par places, elle va jusqu'à 2 mètres, tandis qu'en d'autres endroits elle se réduit presqu'à rien.

Outre ces deux filons principaux, on connaît deux veines importantes :

La *Katharina Kluft*, dirigée N. 45°, qui plonge à l'est de 60 à 70°, et dont les épontes sont souvent très-bien polies,

Et l'*Erzkluft*, dirigée N. 50°, plongeant de 50° à l'est ; la puissance de ces deux veines varie de 0^{m},30 à 0^{m},60.

Il y a aussi d'autres petites veines venant recouper les filons et se confondre avec eux, en donnant généralement naissance à des points riches à leurs intersections.

Le remplissage de toutes ces veines présente les mêmes caractères que celui du Brenner Gang ; l'argent rouge y est cependant en plus forte proportion. C'est l'Erzkluft qui a donné les minerais les plus riches.

Johann-Baptista Gang, Johann-Nepomuk Gang et Schöpfer Gang. — Ces trois gîtes affleurent sur le versant gauche d'un vallon tributaire de la vallée d'Hodritsch, nommé Erlein Grund, et parallèlement à ce vallon.

Dans sa partie sud, le Johann-Baptista Gang est dirigé N. 12° ; il se rapproche beaucoup du Johann-Nepomuk Gang ou se confond même avec lui ; il n'a été exploité qu'au voisinage de ce dernier filon ; partout ailleurs il a été reconnu trop pauvre ; plus loin il s'écarte de lui et se dirige vers le nord ; il suit probablement les inflexions du Johann-Nepomuk Gang ; il se réunit ensuite avec lui, et c'est la réunion de ces deux gîtes qui porte le nom de Schöpfer Gang.

Le Johann-Nepomuk Gang, en se séparant au sud du

Johann-Baptista Gang, est dirigé N. 64°, puis il s'infléchit vers le nord et se dirige N. 35° pour revenir ensuite à sa direction primitive et prendre au delà la direction N. 8°, qu'il conserve jusqu'à sa jonction au nord avec l'autre filon; son plongement est un peu variable : il est de 48° vers l'est dans sa partie sud. Ce filon est un gîte très-puissant, formé généralement de trois veines parallèles comprises dans un espace de 40 mètres environ; il est encaissé dans la syénite entre deux grands filons de grünstein qu'on trouve au toit et au mur à une certaine distance. La masse qui sépare les différentes veines qui le composent est formée de syénite plus ou moins altérée ou pénétrée de quartz, coupée de veines quartzeuses qui paraissent la diviser en gros blocs. Généralement l'éponte du toit des veines du filon est très-bien polie et présente des stries de glissement très-apparentes; nous avons constaté qu'en plusieurs points ces stries sont dirigées suivant la ligne de pente.

Le remplissage des veines est formé de quartz et de calcite; dans la partie sud, c'est le quartz qui domine; vers le nord, la calcite devient de plus en plus abondante, elle forme presque toute la masse vers le point de jonction avec le Johann-Baptista Gang. Outre ces deux éléments, on rencontre encore du carbonate et du silicate de manganèse d'une très-belle couleur rose, tantôt à l'état de mélange intime colorant la masse, tantôt séparés en veinules plus ou moins contournées et cristallisés dans ces veinules en baguettes radiées. Enfin la masse est souvent rendue bréchiforme par des fragments de syénite empâtés. On rencontre fréquemment des veines quartzeuses plus ou moins épaisses, plus ou moins contournées et irrégulières, formées d'une masse d'un jaune grisâtre ayant la cassure terne d'un pétrosilex et criblées de petits grains ou de paillettes de minerai. Parfois ces veines deviennent assez régulières et forment dans le filon des bandes, colorées en gris noirâtre, de quartz compacte désigné sous le nom de *hornstein*. Ces bandes alternent avec d'autres, formées de calcite seule ou d'une brèche de calcite et de syénite; cette brèche est généralement verdâtre. Les minerais qui se rencontrent dans ce remplissage sont des minerais d'argent noirs, principalement de la polybasite; ils sont accompagnés de pyrite; cette dernière imprègne presque toujours la syénite au voisinage du filon. On y trouve aussi de la galène en petites lamelles. Au nord, quand on se rapproche du point de jonction, le remplissage devient de plus en plus calcaire; le quartz disparaît presque complètement dans la partie sud du Schöpfer Gang. Le minerai paraît disposé en colonnes riches parallèles à la ligne de pente.

Au sud, la veine du toit s'écarte de plus en plus du filon en profondeur: son plongement n'est plus que de 20° dans les niveaux inférieurs; elle reçoit alors le nom de *Flache Hangendkluft*; elle conserve son allure jusqu'à la première inflexion du filon; là elle est rencontrée sans rejet par une veine nommée *Steile Erzkluft*, dirigée N. 172° (N. 8° O.), et plongeant de 60° à l'est; elle paraît ne pas se prolonger beaucoup au delà. Cette Steile Erzkluft se rapproche du filon principal; c'est au point où elle l'atteint que ce dernier change de direction; elle est puissante et a donné lieu à des travaux importants. On connaît en outre une *Querkluft*, dirigée N. 59° et plongeant de 48° à l'est; cette veine est mince et n'a été exploitée qu'en quelques points; elle rencontre la Flache Hangendkluft et la Steile Erzkluft. Ces trois fentes constituent les trois faces d'une pyramide triangulaire dont le sommet correspond à un point qui était d'une richesse exceptionnelle en minerai; c'est, du reste, la règle générale dans le district de Schemnitz : les points d'intersection des veines sont presque toujours des points riches. Le remplissage des veines dont nous venons de parler est le même que celui du filon. Elles forment avec lui le groupe de mines connu sous le nom de *Johannstollen*. Toute la partie sud est abattue jusqu'au niveau de la

Kaiser Josephi II Erbstollen ; les travaux actuels s'exécutent principalement vers le nord.

Le Schöpfer Gang, qui résulte de la jonction des trois veines du Johann-Nepomuk Gang avec le Johann-Baptista Gang, est dirigé N. 21°; il plonge de 55° à l'est; sa puissance est considérable, elle varie de 6 à 12 mètres. Les épontes sont toujours très-nettes. La syénite qui forme le toit est généralement coupée de veines quartzeuses jusqu'à une certaine distance. Dans la partie sud, le remplissage est presque exclusivement calcaire; la calcite y est très-blanche, quelquefois un peu rosée, cristalline, à facettes de grandes dimensions; elle empâte parfois des noyaux de quartz imprégné de minerai ou de calcite à petites lamelles, de couleur grisâtre et également mélangée de minerai: quand elle est à grandes lamelles, elle est pauvre. Elle est souvent comme imprégnée de quartz, qui apparaît parfois en petites géodes; quand on la traite par un acide, elle laisse alors comme résidu une carcasse de quartz très-poreux, présentant par places une structure hachée; dans certaines parties du filon, on trouve ces carcasses toutes formées, elles proviennent évidemment de la dissolution par des eaux acides de la calcite qui en remplissait les cavités; le minerai est resté avec le quartz. Vers le nord, le remplissage devient de plus en plus quartzeux, la calcite finit par disparaître complétement; mais on reconnaît facilement à l'aspect carié du quartz, qui par places est même haché, que toutes les cavités qu'il présente étaient primitivement remplies de calcite qui a été dissoute ensuite. C'était néanmoins le quartz qui dominait dans le remplissage primitif, comme le montre bien l'aspect que présente actuellement la masse du filon. Ce remplissage empâte dans sa masse des blocs de syénite stérile. Les minerais du Schöpfer Gang sont des minerais d'argent noirs accompagnés d'un peu de pyrite cuivreuse; ils sont disposés en colonnes riches plongeant légèrement vers le sud ; on n'a pas observé de différence notable de richesse entre les parties quartzeuses et les parties calcaires.

Le filon est rencontré sans rejet par une veine étroite et presque stérile nommée *Morgen Gang* (V. Pl. VI, n° 43), dirigée à peu près est-ouest et plongeant de 74° vers le sud; cette veine n'est connue qu'à l'est du filon ; au point d'intersection naît une autre veine dirigée nord-nord-est entre le filon et le Morgen Gang; elle est exclusivement argileuse et tout à fait stérile. A son extrémité nord, le filon se partage en deux veines; celle du mur s'infléchit vers l'ouest et reste riche, tandis que l'autre, qui conserve sa direction, renferme peu de minerai.

L'exploitation du Schöpfer Gang est très-active et très-productive; les minerais y sont très-riches, leur teneur en argent peut être amenée par simple triage à près de 8 p. 100. On abat toute l'épaisseur du filon ; pour soutenir le toit, on construit avec les blocs stériles de grands piliers en maçonnerie sèche de 8 à 10 mètres de côté, séparés par des intervalles de 60 à 100 mètres; le toit est très-solide et se maintient très-bien ainsi sans boisage ni remblai.

A l'est du Schöpfer Gang, on a exploité dans les niveaux supérieurs un autre filon, nommé *Stefani Gang*, dirigé comme lui N. 21°, s'infléchissant à l'est au point où il serait coupé par le Morgen Gang prolongé, pour reprendre ensuite sa direction primitive; il plonge de 83° à l'est; il est probable alors qu'il rencontre le Schöpfer Gang en profondeur, car celui-ci est beaucoup moins incliné sur l'horizon.

Neu Anton Gang. — Le Neu Anton Gang affleure sur la rive gauche de la vallée d'Hodritsch. Il est dirigé sensiblement nord-sud ; il plonge à l'est de 40 à 45°; en profondeur son plongement augmente et atteint 60°. A son affleurement, il paraît divisé en deux veines séparées par un massif de syénite de 5 à 6 mètres de puissance ; ces deux veines se prolongent parallèlement en profondeur; leur puissance atteint parfois 2 mètres. C'est la syénite qui constitue le mur du filon, mais le grünstein apparaît au toit, et forme dans la syénite un filon de 16 mètres environ de puissance; vers le sud, ce filon de grünstein en quittant la syénite pénètre dans une masse de calcaire; en ce point, les deux veines du Neu Anton Gang paraissent, d'après M. V. Lipold (*), se séparer complétement; la veine du toit suit le filon de grünstein à travers ces calcaires, tandis que la veine du mur pénètre entre les calcaires et la syénite et forme là un véritable gîte de contact. Cette partie du filon n'est connue que par quelques travaux de reconnaissance; il a été trouvé tout à fait inexploitable à partir du point où il s'approche des calcaires. C'est dans ces travaux de reconnaissance que l'Ignaz Stollen a recoupé dans le calcaire un gîte de serpentine d'un beau vert jaunâtre, dont nous avons parlé plus haut.

Le remplissage des veines du Neu Anton Gang est formé d'un mélange de quartz et de calcite dans lequel la calcite est de beaucoup l'élément dominant. Il est analogue à celui du Johann-Nepomuk Gang et du Schöpfer Gang dans leurs parties calcaires; il en diffère cependant en ce sens qu'il est plus rarement bréchiforme; il est presque toujours composé de bandes régulières parallèles aux épontes, qui se distinguent par la couleur de la calcite ou par la grandeur de ses facettes; les minerais forment des lignes noires entre ces bandes; la syénite empâtée est toujours en petits fragments.

En général, le remplissage est séparé du toit par une salbande argileuse: au mur, au contraire, il se soude pour ainsi dire à la syénite au moyen des nombreuses veinules qui traversent cette roche et viennent se réunir au filon; le massif qui sépare les deux veines est presque toujours haché de veinules semblables. Dans les niveaux supérieurs, la syénite était un peu décomposée au voisinage du filon;

(*) M. V. Lipold, *loc. cit.*, p. 446.

elle paraît devenir plus dure en profondeur. Les minerais sont les mêmes que ceux du Schöpfer Gang.

A l'est du Neu Anton Gang, on connaît un filon étroit et stérile auquel on a donné le nom d'*Anna Gang ;* il vient couper le premier dans sa partie nord sous un angle très-aigu. M. V. Lipold le considère comme le prolongement du Johann-Baptista Gang et comme étant parallèle au Neu Anton Gang. Nous n'adopterons pas cette manière de voir; c'est plutôt une fente latérale qui se détache au toit du filon principal. L'Anna Gang a été recoupé vers le sud par les travaux de l'Ignaz Stollen ; il a été reconnu stérile et inexploitable.

Le Neu Anton Gang est presque complétement exploité dans la partie située au-dessus du niveau de la Kaiser Josephi II Erbstollen.

Colloredo Gang. — Le Colloredo Gang a été découvert à la fin du siècle dernier seulement, au moment où il a été recoupé par la Kaiser Josephi II Erbstollen. Il affleure sur la rive droite de la vallée ; il est dirigé N. 15°; vers le nord il s'infléchit à l'est ; il plonge à l'est de 40° environ dans sa partie sud; au point où il s'infléchit, il devient beaucoup plus roide et son plongement atteint 70°; généralement, ce plongement augmente en profondeur. Sa puissance est variable de $0^{m},60$ à 4 mètres ; c'est au point où il s'infléchit qu'il est le plus mince, surtout dans les niveaux inférieurs.

Il est encaissé dans la syénite ; au mur il est suivi parallèlement par un filon de grünstein situé à une petite distance. La syénite est toujours imprégnée de pyrite; tantôt elle est très-solide et rendue tout à fait compacte par du quartz qui l'imprègne; tantôt elle est décomposée, presque kaolinisée, et tombe en sable sous le marteau. Les épontes sont toujours très-nettes, souvent polies; ainsi, vers le sud, on peut voir dans les vieux travaux des étendues considérables de l'éponte du mur présentant un poli tout à fait miroitant; on distingue des stries de glissement faisant avec l'horizontale un angle de 10° environ.

Plus au nord, au delà de la courbe, le filon présente un accident remarquable : en un point, il disparaît presque complétement et se réduit à un simple joint, tout à fait semblable à ceux que l'on trouve constamment dans la syénite. Les premiers travaux faits pour le retrouver ont été infructueux; on a beaucoup discuté sur la question de savoir s'il y avait un rejet produit par un croiseur inconnu ou si le filon s'arrêtait là. Dans ces derniers temps, des travaux plus complets ont élucidé la question : le filon se bifurque en deux veines dont l'une conserve sa direction, tandis que l'autre se dévie brusquement vers le mur et, à quelques mètres de distance seulement, reprend sa direction primitive; la première reste toujours un simple joint et se perd non loin du point de division; la seconde reste étroite sur une faible longueur et redevient puissante aussitôt qu'elle reprend sa direction primitive; c'est elle qui constitue le filon principal; ce dernier s'est dévié brusquement en détachant une simple fente à son toit, laquelle a continué à suivre sa direction, et dans toute la partie déviée il s'est réduit lui-même à une fente. Nous avons pu vérifier ce fait à deux étages successifs. Dans la partie déviée, les épontes de la fente sont d'un noir brillant, très-polies et tout à fait miroitantes; elles présentent des stries de glissement tout à fait horizontales; entre elles on trouve un peu d'argile qui paraît résulter du broiement de la syénite au moment du glissement. Pendant ce glissement, la pression était telle que cette syénite s'est pour ainsi dire comprimée sur une épaisseur de quelques centimètres : elle présente en effet au voisinage de la surface polie l'aspect d'un pétrosilex; en s'en éloignant peu à peu, on voit les éléments de la roche reparaître d'abord confus, puis distincts à une distance de 10 à 20 centimètres. Cette syénite est très-compacte et pénétrée de quartz; il en était probablement déjà ainsi au moment où s'est effectué le mouvement dont nous parlons. Ce mouvement a eu lieu nécessairement dans le sens horizontal, sous l'action de forces latérales dont la direction devait se rapprocher de celle du filon ; il faut en effet qu'il en ait été ainsi pour que la partie déviée seule soit complétement étranglée et présente dans le voisinage des traces de frottement énergique.

Le remplissage du Colloredo Gang est variable ; vers le sud, il est surtout calcaire et analogue à celui du Neu Anton Gang ; au nord, il devient rapidement quartzeux et présente un aspect tout particulier : il est généralement formé de sable blanc quartzeux, disposé en bandes parallèles aux épontes ; ce sable est à grains lamelleux et contient beaucoup de petits fragments de quartz blanc très-caverneux, d'aspect haché. Il provient évidemment de la désagrégation de carcasses quartzeuses résultant de l'attaque par des eaux très-acides d'un mélange intime de quartz et de calcite dans lequel la calcite était l'élément prédominant ; nous avons reproduit des carcasses de quartz tout à fait identiques en traitant des fragments d'un tel mélange par de l'eau acidulée ; ces carcasses, qu'on trouve souvent intactes dans le Colloredo Gang, sont d'une grande légèreté ; leurs parois sont parfois hérissées d'assez gros cristaux de quartz hyalin. Entre les bandes sableuses se trouvent des bandes parallèles plus solides, qui sont formées également de quartz haché, adhérent à du quartz presque compacte formant le noyau, l'arête solide de la bande. Ce quartz compacte est souvent cristallin, percé de géodes et coloré en violet plus ou moins foncé ; en quelques points on trouve de petites améthystes. Quelquefois les hachures du quartz sont à grandes facettes, planes et profondes ; d'autres fois elles sont courbes et plus petites ; il est probable que ces dernières sont produites par la disparition de lamelles courbes de calcite plus ou moins dolomitique ou ferrugineuse. Dans tous les cas, ces hachures ont dû être produites par des lamelles de calcite, car on ne trouve pas de barytine dans les filons d'Hodritsch.

Toute cette masse sableuse ou quartzeuse est semée de petits grains d'un noir mat de minerai d'argent ; parfois aussi le minerai d'argent colore en noir des bandes de quartz compacte qui forment, pour ainsi dire, des veinules dans le filon ; ces minerais sont accompagnés de pyrite cuivreuse. Ils sont disposés dans le filon en deux colonnes riches partant des niveaux supérieurs au point où le filon s'infléchit à l'est et plongeant l'une au nord, l'autre au sud ; plus loin vers le nord, au point où le filon présente l'accident dont nous avons parlé plus haut, le minerai disparaît ; au sud, il en est de même au point où le remplissage devient calcaire ; une galerie de reconnaissance poussée sur une certaine longueur vers la rive gauche de la vallée, au niveau de la Kaiser Josephi II Erbstollen, a trouvé le filon calcaire et pauvre.

Le Colloredo Gang est accompagné à son toit de nombreuses veines parallèles, dont quelques-unes ont donné un peu de minerai.

Les colonnes riches sont entièrement abattues au-dessus du niveau de la Kaiser Josephi II Erbstollen et même audessous en beaucoup de points ; l'extraction se fait par le Rudolf Schacht.

A l'ouest du Colloredo Gang, on connaît encore une veine, nommée *Mariahimmelfahrt Kluft*, recoupée également et explorée au niveau de la Kaiser Josephi II Erbstollen ; elle est dirigée N. 35° et plonge doucement à l'ouest ; elle a été reconnue inexploitable.

Les filons d'Hodritsch que nous venons de passer en revue sont connus sur une bien moins grande étendue que ceux de Schemnitz et généralement au nord de la vallée seulement ; le Neu Anton Gang fait seul exception. Sous la vallée même, ils sont généralement stériles et l'on croit qu'il en est de même au sud pour la plupart ; la Kaiser Josephi II Erbstollen qui les a recoupés très-près du fond de la vallée les a trouvés stériles.

Ceux qui sont situés à l'ouest du Leopold Schacht sont exploités jusqu'au niveau de cette galerie, ceux de l'est n'ont pu l'être encore, car il n'y a que peu de temps que le tronçon qui va du Leopold Schacht au Lill Schacht est complétement terminé; actuellement on pousse des galeries qui doivent aller recouper, l'une le Brenner Gang et le Finsterorter Gang, l'autre l'Allerheiligen Gang; mais ces gîtes ne sont pas encore atteints.

FILONS DE LA VALLÉE D'EISENBACH. — Les filons connus dans la vallée d'Eisenbach sont les suivants : le Hofer Gang, les Windischleitner Gänge, le Johann-Baptista Gang, le Neu Hoffnungs Gang. l'Alt Anton Gang, l'Elisabeth Gang et le Dreikönig Gang.

Hofer Gang. — Le Hofer Gang affleure sur la rive gauche de la vallée; dans sa partie nord, il est encaissé dans la syénite à grain fin; vers le sud il est probablement au contact de la syénite et du grünstein; la Kaiser Josephi II Erbstollen a traversé au contact de ces deux roches, en amont du Zipser Schacht, un filon quartzeux qui pourrait bien être à la fois son prolongement et celui de l'Allerheiligen Gang. Au nord, sa direction est N. 5°, il plonge à l'est; on connaît à son toit une veine désignée sous le nom de *Georg Kluft* (V. Pl. VI, n° 44), dirigée N. 45° et plongeant au sud-est.

Le Hofer Gang a donné lieu à l'importante exploitation de Schüttersberg, complétement abandonnée depuis longtemps par suite de l'abondance des eaux; toute la partie située au-dessus de la galerie d'écoulement dite *Hofer Erbstollen* est abattue et a fourni une grande quantité de minerais riches.

Windischleitner Gänge. — Les Windischleitner Gänge affleurent au nord de la vallée; ils sont dirigés N. 35° et plongent à l'est; ils sont actuellement l'objet de travaux de recherches; ils sont encaissés dans les granites et les gneiss.

Johann-Baptista Gang et Neu Hoffnungs Gang. — Le

Johann-Baptista Gang et le Neu Hoffnungs Gang (V. Pl. VI, n° 45), situés au sud de la vallée, sont dirigés N. 30° et plongent à l'est; ils sont encaissés dans la syénite au sud et dans les schistes anciens au nord, au voisinage de filons de grünstein placés à leur mur et courant dans une direction parallèle. Leur exploitation est suspendue depuis longtemps.

Alt Anton Gang. — L'Alt Anton Gang est dirigé N. 10°; il plonge à l'ouest; il est encaissé en grande partie dans les schistes anciens; en un point il coupe la syénite à grain fin. Sa puissance est très-variable ; elle est toujours considérable ; son remplissage est formé d'un mélange de quartz et de calcite ; tantôt c'est le quartz qui domine, tantôt c'est la calcite. Ce remplissage est imprégné de minerais d'argent noirs et de pyrite cuivreuse. Le filon est recoupé au nord par une fente nommée la *Schmund Kluft*, qui est située à son mur et plonge à l'est, et au delà de laquelle il est peu connu.

Au mur de l'Anton Gang se trouve encore une autre fente, la *Johanni Kluft*, dirigée sensiblement comme lui, mais plongeant à l'est; c'est un gîte tout à fait distinct qui se trouve au contact des gneiss et des schistes anciens : il a les schistes au toit et les gneiss au mur. Sa puissance est très-variable ; son remplissage est très-quartzeux ; la masse est généralement compacte, d'aspect bréchiforme ; les fragments empâtés sont très-petits, et formés de quartz compacte déjà imprégné de minerai ; le ciment, de couleur blanc jaunâtre ou verdâtre, paraît contenir de la calcite plus ou moins manganésifère; au milieu de la masse sont disséminés des petits grains de minerai d'argent et de pyrite cuivreuse. Généralement le minerai se trouve vers le toit, au contact des schistes ; il est quelquefois disposé en nodules très-riches ayant à leur centre un noyau de schiste plus ou moins pyriteux et pénétré de quartz ; ailleurs la masse se sépare en fragments ocreux et les branderze apparaissent. La Johanni Kluft est coupée par une série de veines qui ont un plongement inverse et qui traversent les gneiss et les schistes; ces veines sont quelquefois minéralisées et donnent lieu à de petits abatages.

Dans sa partie sud, l'Alt Anton Gang est accompagné à son mur par un très-grand nombre de veines tantôt riches, tantôt pauvres, encaissées dans la syénite à grain fin ou dans les schistes; trois de ces veines ont donné lieu à des travaux assez importants.

Au toit de l'Alt Anton Gang, dans la région sud, on trouve une grande quantité de veines dont les plus importantes sont la *Gemeinschaftliche Kluft* et la *Morgen Kluft;* la première est dirigée N. 30° et la seconde N. 75°; elles plongent toutes deux vers le sud-est; c'est dans l'intervalle triangulaire compris entre ces deux veines et le filon que se trouvent toutes ces veines secondaires, plongeant les unes au sud-est, les autres au nord-ouest, se détachant du filon en différentes places et allant sensiblement converger au même point. Ce faisceau de veines court à travers la syénite à grain fin, les schistes et les aplites; elles ne sont minéralisées que dans la syénite; dans les schistes, elles ont parfois une certaine puissance, mais elles sont toujours stériles; dans les aplites, elles sont constamment réduites à de simples fentes. Plusieurs de ces veines ont donné lieu à des travaux très-fructueux.

Au sud de la Morgen Kluft, l'Alt Anton Gang est interrompu.

Elisabeth Gang. — L'Elisabeth Gang prend, pour ainsi dire, naissance au point où viennent converger la Gemeinschafticher Kluft, la Morgen Kluft et toutes les veines du faisceau qu'elles limitent; il s'étend au sud de ce point; au nord, il forme simplement une fente qui se perd rapidement. Il est dirigé N. 20° et plonge à l'est de 65 à 70°. Il est encaissé au nord dans la syénite à grain fin, au sud dans la masse de syénite à gros grain d'Hodritsch. On trouve à son mur, à quelque distance, un puissant filon de grünstein. Sa puissance est considérable; elle atteint par places jusqu'à 16 et 20 mètres, par exemple au nord, au point de concours des veines qui le relient à l'Alt Anton Gang.

Le remplissage est en général bréchiforme et analogue d'aspect à celui de la Johanni Kluft; les morceaux de quartz empâtés sont un peu plus gros; ils sont toujours accompagnés de fragments de syénite très-fortement pénétrée de quartz. Le ciment est généralement coloré en noir grisâtre par une imprégnation très-fine de minerai; dans la masse on aperçoit souvent des veinules plus ou moins contournées dans lesquelles la coloration est beaucoup plus foncée. Dans les parties puissantes, on trouve des lentilles de syénite divisant, pour ainsi dire, le filon en plusieurs veines; mais ces lentilles sont limitées en profondeur comme en direction et le filon est réellement unique. Au voisinage des parties riches, la syénite est généralement altérée et tendre; il en est de même dans les lentilles dont nous venons de parler; elle est souvent aussi imprégnée de pyrite.

Les minerais contenus dans cette masse se composent principalement de minerais d'argent noirs accompagnés d'un peu de pyrite cuivreuse et rarement d'argent rouge; tantôt ils sont disséminés en grains invisibles et donnent simplement une coloration à la masse; tantôt ils sont rassemblés en veinules plus distinctes ou déposés à la surface des fragments de syénite empâtés dans le remplissage. En quelques points, le remplissage est, pour ainsi dire, séparé en masses quartzeuses minéralisées, caverneuses à l'extérieur et couvertes d'un enduit rugueux de calcite ferrugineuse et manganésifère cristallisée en toutes petites lamelles brillantes et nacrées; ce minerai apparaît souvent, du reste, sous la même forme, dans de petites cavités que présente la masse du filon. Généralement, les parties riches en calcite donnent peu de minerai de scheidage, mais simplement du minerai à bocarder. Les minerais sont disposés dans le filon en colonnes riches qui correspondent d'ordinaire aux points où la puissance est considérable; mais ces colonnes ne suivent aucune loi, elles plongent tantôt au nord, tantôt au sud, et sous des angles variables.

D'après ce qui précède, on voit que l'Alt Anton Gang se

divise au sud en un grand nombre de veines qui se réunissent de nouveau pour former l'Elisabeth Gang, comme si la fente qui a donné lieu à la formation de ces filons n'avait pu continuer sa route directement et avait été forcée de changer de direction pour vaincre un obstacle qui s'opposait à son passage. S'il en était réellement ainsi, cet obstacle serait la masse d'aplite et de syénite à grain fin qui forme la haute montagne du Hirschenstein; c'est en effet au-dessous de cette montagne que se trouve le faisceau de fentes dont nous avons parlé plus haut.

L'Alt Anton Gang et l'Elisabeth Gang sont exploités dans les niveaux supérieurs par l'Alt Anton Stollen et l'Elisabeth Stollen, et en profondeur par la galerie de fond et le Dreifaltigkeit Schacht. Cette galerie de fond, nommée *Kreuz-Erfindungs Erbstollen*, vient déboucher dans la vallée au milieu du hameau de Peszerin; c'est elle qui assèche les mines. On la prolonge au toit de la Johánni Kluft, afin d'aller recouper le Neu Hoffnungs Gang, le Johann-Baptista Gang et le Hofer Gang; cette galerie traverse une série de formations anciennes et de filons de grünstein. A partir du toit de la Johanni Kluft, elle a déjà recoupé successivement les schistes anciens, les quartzites blancs, les aplites et la syénite à grain fin; dans les schistes et les quartzites, elle a traversé trois filons de grünstein plus ou moins quartzifère. Elle n'atteindra le Hofer Gang que dans un avenir assez éloigné.

A l'ouest de l'Elisabeth Gang, on connaît deux veines, la *Heiliger-Geist Kluft* (V. Pl. VI, n° 46) et la *Pauli Kluft* (V. Pl. VI, n° 47), dirigées, la première N. 9°, la seconde N. 17°, et plongeant à l'ouest; ces veines ne sont plus exploitées.

Dreikönig Gang. — Le Dreikönig Gang affleure assez loin de la vallée d'Eisenbach, sur la rive gauche d'un vallon latéral nommé Czuborna Thal, qui vient déboucher dans la vallée principale un peu au-dessous de l'hôtel des bains. Ce filon est dirigé nord-sud et plonge à l'ouest. Il est encaissé dans les schistes anciens et les quartzites blancs. Il contient des minerais d'argent très-aurifères, d'une teneur analogue à ceux de Moderstollen et de Dillen. Il a donné lieu à une exploitation d'une certaine importance suspendue aujourd'hui.

Remarques générales.

Après avoir étudié en détail chacun des filons, si nous comparons les faits qui les distinguent individuellement, nous pouvons arriver à déterminer pour l'ensemble du district les grands traits qui le caractérisent et qui se rapportent à la direction et au plongement, aux remplissages et à la nature de la roche encaissante, enfin à l'allure générale des gîtes et des fentes qui sont en rapport avec eux.

Direction et plongement. — La presque totalité des veines métallifères du district de Schemnitz sont dirigées dans le quadrant nord-est ; il en est de même des filons de grünstein qui traversent le massif de syénite et de roches anciennes d'Hodritsch et d'Eisenbach. En jetant un coup d'œil sur la carte, Pl. VI, nous voyons que les grands filons de Schemnitz, partant du réseau compliqué de fentes qu'on trouve à Siglisberg et à Windschacht, se dirigent vers le nord-est en s'écartant un peu l'un de l'autre ; leur ensemble présente une disposition légèrement en éventail. Le Spitaler Gang et le Biber Gang constituent, pour ainsi dire, par leur position et leur importance en étendue, l'axe de tout le groupe ; la direction moyenne de ces deux filons est sensiblement N. 35° et l'on trouve dans leur parcours de grandes étendues rectilignes qui ont précisément cette direction. On peut conclure de ce fait que le mouvement qui a produit les fentes qui sont devenues les filons de Schemnitz était dirigé sensiblement N. 35°. Or le *système des Alpes occidentales*, transporté à Schemnitz, aurait la direction N. 37°, différente d'environ 10° des directions de systèmes les plus voisines. On peut donc rapporter les grands filons de Schemnitz au système des Alpes occidentales, ce qui leur assignerait comme âge la fin du miocène supérieur ; nous verrons plus loin que des considérations d'un ordre tout différent conduisent à leur attribuer le même âge.

Les filons encaissés dans la syénite et les roches anciennes sont parallèles aux nombreux filons de grünstein qui traversent ces formations ; ces derniers sont très-nombreux et sensiblement parallèles ; leur direction moyenne est N. 15° à 20°. Or le *système du Vercors*, transporté à Schemnitz, aurait la direction N. 17°, différant de 7° d'un côté et de 11° de l'autre des systèmes les plus voisins en direction. Les filons de grünstein et les fentes dans lesquelles se sont formés les filons métallifères d'Hodritsch et d'Eisenbach peuvent donc être rapportés au système du Vercors, ce qui leur assignerait comme âge la fin du miocène inférieur. Nous avons vu dans la première partie que la venue des grünsteins peut précisément être rapportée à cette même époque géologique.

Le pendage des filons dans le district de Schemnitz est presque toujours dirigé vers l'est ; il est souvent assez faible ; d'ordinaire il est compris entre 40° et 70° ; il atteint rarement 80°.

Ce que nous venons de dire ne s'applique pas à l'Allerheiligen Gang et à ses prolongements : c'est un gîte de contact, qui suit en direction comme en inclinaison toutes les variations de la surface de séparation de la syénite et du grünstein.

Remplissages. — Les remplissages pierreux et métallifères des filons du district de Schemnitz peuvent être rapportés à deux types principaux, caractérisés surtout par la nature argentifère ou plombeuse des minerais qu'ils renferment. Les remplissages argentifères contiennent toujours un mélange de quartz et de calcite plus ou moins manganésifère ; dans presque toutes les veines encaissées dans les grünsteins, c'est le quartz qui domine de beaucoup dans le mélange, mais sans que pour cela on puisse supposer que la calcite ait existé primitivement et se soit ensuite dissoute dans des eaux acides ; au contraire, dans la majorité des filons encaissés dans les syénites et les roches anciennes, la proportion de calcite devient beaucoup plus considérable et ce minéral forme la partie dominante du mélange ; dans certaines régions de ces filons, on ne trouve, il est vrai, que du quartz, mais à son aspect carié et cloisonné on ne peut douter que la calcite ait existé primitivement et se soit ensuite dissoute dans des eaux acides. Au contact du remplissage argentifère, les grünsteins sont toujours fortement altérés, quelquefois complétement kaolinisés et transformés en argile ; ils sont criblés de pyrite jaune non décomposée ; les syénites également sont souvent altérées au voisinage des points riches en argent, mais le fait n'est pas aussi général que pour les grünsteins ; elles sont toujours pyriteuses.

Les remplissages plombeux sont en général bréchiformes ; ils contiennent de la galène à très-grandes facettes, assez argentifère, du cuivre pyriteux non argentifère, mais un peu aurifère, de la blende pauvre en métaux précieux et du sinople aurifère. Ces minéraux sont accompagnés d'une gangue exclusivement quartzeuse, dans laquelle on ne trouve jamais de calcite. Au contact du remplissage plombeux, que l'on ne trouve que dans les filons encaissés dans les grünsteins, la roche est généralement dure et ne présente pas d'altération ; elle est toujours pyriteuse.

Dans les filons de Schemnitz, le remplissage passe peu à peu de la nature argentifère à la nature plombeuse ; les variétés qui forment les points de passage sont toujours très-pauvres en calcite et très-riches en quartz ; tantôt la roche au contact est altérée, tantôt elle est restée très-dure. La zone de séparation entre les deux remplissages dans un même filon plonge vers le sud ; c'est la partie sud qui est argentifère, tandis que la partie nord est plombeuse. Dans cette zone, les deux remplissages sont tout à fait mêlés.

L'argent extrait des minerais est plus ou moins aurifère ; on peut remarquer, avec M. Wiesner, que la teneur en or est maxima aux trois points les plus voisins des trachytes, à Dillen, à Moderstollen, et au Dreikönig Gang à Eisenbach.

Allure. — Comme nous l'avons vu précédemment, les filons encaissés dans les grünsteins sont formés de plusieurs veines qui s'entre-croisent en direction comme en profondeur. Dans la syénite, le nombre des veines est généralement moindre et chacune d'elles prend plus d'importance. Mais c'est toujours aux points où ces veines se rencontrent en plus grand nombre que le minerai, argentifère ou plombeux, est accumulé en plus grande proportion.

On ne connaît pas, dans tout le district de Schemnitz, un croiseur proprement dit minéralisé. Chaque filon est coupé par un grand nombre de veines qui viennent se souder avec lui et le traversent rarement ; dans ce dernier cas, elles se traînent avec lui sur une longueur toujours appréciable : il n'y a jamais de rejet. Les points où les veines transversales viennent se réunir au filon sont généralement des points riches. Ce caractère de richesse plus grande aux points d'intersection des veines est tout à fait dominant, il est constant dans tout le district.

On connaît un petit nombre de fentes croisant réellement les veines métallifères et les rejetant ; nous en avons signalé au Stefan Gang à Schemnitz, à l'Allerheiligen Gang à Hodritsch et au Hauptgang à Moderstollen. Ces fentes sont argileuses ou ne contiennent rien, ni minerai, ni remplissage stérile ; elles sont très-peu fréquentes ; le terrain n'a subi que de faibles dislocations depuis la formation et le remplissage des filons. Ces dislocations, de même que celles qui ont produit les filons ou suivi la formation de la fente primitive, ont été dans plusieurs cas causées par des forces latérales, puisque les mouvements de terrain qu'elles ont amenés ont eu lieu parfois horizontalement, souvent suivant une direction faisant un angle très-grand avec la ligne de pente de la brisure, et rarement suivant cette ligne de pente. C'est surtout à Hodritsch et à Moderstollen qu'on peut le constater ; on peut du reste très-facilement concevoir la production de ces forces latérales au moment où les éruptions de trachytes et de rhyolithes ont eu lieu dans le voisinage.

Age des filons. — Les fentes primordiales qui ont donné lieu à la formation des filons dans les grünsteins ont dû être ouvertes toutes à la même époque géologique ou à des époques très-rapprochées l'une de l'autre ; cette conclusion est la conséquence naturelle de ce que nous avons dit plus haut sur les caractères des filons principaux, leurs rapports avec les veines transversales et l'absence de croiseurs minéralisés. Or, comme nous l'avons dit dans la première partie de ce travail, les grünsteins ayant recouvert et traversé les conglomérats nummulitiques sont nécessairement de la période tertiaire ; les filons qui les traversent sont donc aussi tertiaires. Mais nous pouvons fixer leur âge avec plus de précision ; nous savons en effet que les filons de Dillen se prolongent dans les vrais trachytes, et qu'au toit du Grüner Gang on a trouvé des couches de tufs trachytiques avec des empreintes végétales qui ont permis de fixer l'époque de leur formation et de les rapporter au miocène supérieur ; la formation des filons date donc au maximum de l'époque du miocène supérieur.

Avant tout remplissage, les fentes ont dû livrer passage à des émanations sulfureuses dont l'influence s'est fait sentir sur la roche encaissante qui s'est imprégnée de pyrite jusqu'à une certaine distance ; les remplissages bréchiformes montrent en effet que le grünstein empâté est toujours pyriteux. Ce ne sont pas ces émanations qui ont amené l'altération de la roche, puisque, au voisinage des parties plombeuses, le grünstein, tout aussi pyriteux que partout ailleurs, n'est nullement décomposé ; ce n'est pas non plus l'influence de la décomposition de la pyrite, puisque cette pyrite est toujours restée intacte, même dans le cas où la roche est tout à fait kaolinisée ; et si l'on considère que cette altération existe toujours et exclusivement au voisinage des parties argentifères, on conclut qu'elle est postérieure à la venue de la pyrite et qu'elle est due à l'influence des émanations qui ont amené l'argent.

Le remplissage des veines ne s'est pas accompli au milieu d'une période de calme absolu ; la structure bréchiforme qu'il possède en plusieurs endroits prouve qu'à une ou deux reprises ce remplissage a été brisé, mais que le dépôt s'est ensuite continué avec des caractères peu différents. Ces brisements résultaient de mouvements de terrains qui ont probablement produit des fentes secondaires de direction différente des premières, mais qui étaient trop faibles pour amener des déplacements tels que ces premières veines fussent traversées et rejetées. Le dépôt s'est fait dans ces veines secondaires de la même manière que dans les veines primitives remaniées et elles sont venues pour ainsi dire se souder avec les premières.

Si l'on considère que, dans la zone intermédiaire entre la région argentifère et la région plombeuse des filons, on rencontre à la fois les minerais d'argent et les minerais de plomb intimement mêlés, sans que nulle part on puisse distinguer si le dépôt des uns est antérieur à celui des autres, on est conduit à penser que ces dépôts ont dû se faire simultanément. Cependant le remplissage argentifère est rarement bréchiforme, tandis que dans le remplissage plombeux, c'est la structure bréchiforme qui est générale ; de plus, les morceaux empâtés dans ce dernier.sont souvent déjà minéralisés. Cette remarque tendrait à prouver que la durée du remplissage argentifère a été plus faible que celle du remplissage plombeux, puisque le premier n'a pas été influencé par des mouvements qui se sont produits avant la fin du second. Mais on ne doit pas regarder cette preuve comme concluante, car la roche étant décomposée au voisinage des parties argentifères, tandis que les parties plombeuses étaient restées dures, les mouvements qui ont rendu celles ci bréchiformes ont pu ne pas produire sur celles là le même effet. Si l'on peut affirmer que les deux dépôts ont eu lieu simultanément à un moment donné, on ne peut donc rien dire de positif sur leur durée relative.

D'après M. F. v. Richthofen, les grünsteins, en Hongrie et en Transylvanie, ne contiennent de gîtes métallifères qu'au voisinage des rhyolithes; ces dernières roches seraient donc la cause minéralisante des filons et les remplissages métallifères de ces derniers proviendraient des émanations auxquelles elles ont dû donner lieu avant leur apparition ou au moment où elles ont fait éruption.

En résumé, la formation des filons dans les grünsteins résulte des faits suivants indiqués dans l'ordre où ils ont dû se succéder :

1° Formation des fentes premières au plus tôt vers la fin du miocène supérieur.

2° Émanations sulfureuses imprégnant la roche avoisinante, mais ne donnant pas de dépôt dans les fentes.

3° Dépôt du remplissage plombeux ne produisant pas d'altération de la roche au contact et dépôt simultané du remplissage argentifère produisant l'altération de la roche au contact.

4° Mouvements de terrain remaniant les matières déposées, suivis de périodes pendant lesquelles les dépôts précédents continuent à se former.

Ces deux derniers faits se passent au moment où se préparent et s'accomplissent les éruptions rhyolithiques, c'est-à-dire tout à la fin de l'époque miocène ou au commencement de l'époque pliocène.

Les filons encaissés dans la syénite et les roches anciennes ont avec les précédents assez de caractères communs pour qu'on puisse dire qu'ils ont été formés dans les mêmes conditions. Cependant les fentes dans lesquelles ils se sont déposés n'ont probablement pas été ouvertes à la même époque. Ces fentes ont en effet la même direction que celles dans lequelles le grünstein s'est injecté en filons nombreux : il est par conséquent probable que, comme ces dernières, elles existaient ou se sont produites au moment de la venue des grünsteins. Les glissements qui ont poli d'une façon si remarquable les épontes de certains de ces filons ont dû se produire pour plusieurs d'entre eux avant leur remplissage ; il en est certainement ainsi pour le Colloredo Gang qui, comme nous l'avons vu, est absolument étranglé au point où il présente des épontes si bien polies ; s'il eût été rempli avant que le mouvement horizontal indiqué par les stries se fût produit, il n'aurait pu s'étrangler complétement. Mais rien n'indique que ce soit le cas de tous les filons à épontes polies. L'aspect bréchiforme du remplissage montre, du reste, que pendant le dépôt il s'est produit des mouvements de terrain qui ont brisé les dépôts primitifs, mais sans arrêter ni modifier l'action minéralisante. En quelques points les dépôts ont été soumis à l'action d'eaux acides qui ont enlevé la calcite déposée et qui, par places, ont précipité de la silice hydratée et gélatineuse.

En résumé, la formation des filons dans la syénite résulte des faits suivants :

1° Formation des fentes à une époque antérieure à la venue des grünsteins, ou plutôt au moment de cette venue; beaucoup de ces fentes se sont remplies de grünstein.

2° Réouverture des fentes non remplies de grünstein. Mouvements relatifs des épontes, probablement à l'époque des éruptions trachytiques.

3° Émanations sulfureuses imprégnant la roche de pyrite, mais ne produisant pas de dépôt.

4° Dépôt du remplissage argentifère.

5° Mouvements de terrain au moment du dépôt de ce remplissage.

6° Dissolution de la calcite par des eaux acides.

L'Allerheiligen Gang fait exception à ce que nous venons de dire; il s'est formé par suite de la séparation de la syénite et du grünstein sur une partie de leur surface de contact; cette ouverture a dû se faire au moment de la formation des filons encaissés dans les grünsteins.

TROSIÈME PARTIE.

Historique des mines.

L'exploitation des mines de Schemnitz date, s'il faut en croire la tradition, du commencement de l'ère chrétienne; les travaux auraient porté d'abord sur les filons de la vallée d'Hodritsch et particulièrement sur l'Allerheiligen Gang. On trouve dans ce filon des cheminées et des galeries fort étroites qu'on fait remonter à l'époque romaine et dont l'une est connue sous le nom de *Römer Schutt;* quelques noms semblent, du reste, tirés du latin, par exemple celui de *Plebs Läufel*, nom de l'un des étages supérieurs de l'Allerheiligen Gang. On conserve encore à Hodritsch une butte de boisage qui passe pour avoir été posée par Saint Clément, travaillant aux mines comme esclave; elle est désignée sous le nom de *Clemens Stempel.* Les travaux se seraient étendus peu à peu, à mesure qu'on découvrait de nouveaux filons, et c'est en 745, suivant les anciens auteurs, que des Moraves auraient fondé sur le Glanzenberg la vieille ville de Schemnitz (*). Les premiers rois de Hongrie aidèrent de leur mieux au développement de l'industrie minière : le roi Saint-Étienne envoya à Schemnitz des prisonniers de guerre polonais pour les faire travailler aux mines, et ses successeurs firent venir à diverses reprises des ouvriers mineurs du Tyrol; enfin des famines qui sévirent dans différentes

---

(*) Ces données, ainsi que la plupart des détails qui suivent, sont extraits du mémoire déjà cité de M. *V. Lipold.*

parties de l'Allemagne décidèrent un grand nombre d'habitants à s'expatrier et à venir chercher fortune à Schemnitz.

Dès la fin du XIIe siècle, les mines de Schemnitz et de Dillen étaient citées comme étant dans une situation florissante, et au XIIIe siècle, Schemnitz était déclarée ville libre « *freie Bergstadt* », par le roi Bela IV. Les mines allant en s'approfondissant, on commença à être gêné par les eaux et il fallut ouvrir des galeries d'écoulement; la première fut la galerie dite *Bibererbstollen*, sur les parois de laquelle on voit encore, au voisinage du Christina Schacht, les dates 1400 et 1426; la Bibererbstollen débouche dans la vallée de Steplitzhof, au-dessous du Carl Schacht, à une altitude de 590 mètres; elle se trouve à 350 mètres environ au-dessus de la Kaiser Josephi II Erbstollen.

Vers le milieu du XVe siècle, le pays fut troublé par la guerre et l'exploitation s'en ressentit; elle alla en déclinant sensiblement et ne se releva que dans le cours du siècle suivant. La ville de Schemnitz avait été brûlée en 1442 par l'archevêque d'Erlau; en 1443 un tremblement de terre violent acheva de la détruire; on abandonna alors le sommet du Glanzenberg et l'on reconstruisit la ville dans la gorge située au pied du Paradeisberg, où nous la voyons aujourd'hui.

Les galeries d'écoulement allaient en se multipliant; on en ouvrit une à Hodritsch en 1494, une autre à Dillen, la *Dillner Erbstollen*, en 1504; on commença en 1549 la *Dreifaltigkeit Erbstollen*, qui ne fut complétement achevée qu'en 1671 après cent vingt-deux ans de travail; elle débouche dans le bas de la ville de Schemnitz, près de l'Antaler Thor et elle est placée à une quarantaine de mètres au-dessous de la Bibererbstollen. Toutes ces galeries ont été creusées à la pointerolle et ce n'est pas sans admiration et sans un certain respect qu'on parcourt aujourd'hui ces anciens travaux, admirablement conservés, et qu'on songe à la persévérance qu'il a fallu déployer pour les mener à bonne fin.

Au commencement du XVIe siècle, toutes les mines appartenaient encore à des particuliers, qui étaient tenus de payer un impôt à la couronne. Le roi avait, par suite d'un décret de 1351, le droit d'expropriation sur les mines; un décret de 1405 lui avait attribué le droit de priorité pour l'achat des métaux précieux. La Chambre royale des mines, établie à Neusohl, percevait l'impôt et recevait l'argent et l'or extraits; un édit de 1543 avait formellement interdit l'exportation de ces métaux. L'exploitation devenant de plus en plus difficile et coûteuse à mesure que les mines s'approfondissaient, il arriva que des exploitants se trouvèrent dans l'impossibilité de payer l'impôt. Ils obtinrent des remises à titre d'encouragement; la Chambre des mines leur fit même des avances ou les autorisa à conserver provisoirement une partie de l'argent et de l'or qu'ils devaient livrer; mais plusieurs d'entre eux, voyant qu'ils ne pourraient rembourser ces avances, cédèrent, pour se libérer, une portion de leurs mines à la couronne, qui commença ainsi, en 1543, à prendre une part directe à l'exploitation. Comme les revenus des mines et des monnaies faisaient partie de la liste civile royale, les mines cédées de cette façon devenaient la propriété particulière du roi. Le fait s'étant renouvelé plusieurs fois, la part de la couronne dans les mines alla en augmentant, et l'on créa en 1587 une direction royale de l'exploitation des mines.

Les difficultés amenées par l'envahissement des eaux allaient toujours en augmentant; l'épuisement se faisait d'abord à bras d'hommes, puis on employa des chevaux, mais la dépense était excessive : pour le seul groupe de mines dit *Oberbiberstollen*, l'épuisement revenait en 1623 à 300 florins (*) par semaine. On installa alors une machine hydraulique, mais les étangs qui l'alimentaient se

(*) Le florin autrichien vaut 2f,50 de notre monnaie.

trouvèrent insuffisants à la suite d'une année exceptionnellement sèche et la mine fut en grand danger d'être noyée; les comitats voisins furent requis, par ordre royal, d'envoyer à Schemnitz des travailleurs pour aider à l'épuisement, et l'on parvint à conjurer le péril. On avait bien commencé une nouvelle galerie d'écoulement, la *Kornberger Erbstollen*, qui devait recouper tous les filons, mais il avait fallu l'abandonner en 1614, après avoir traversé le Grüner Gang, par suite de la trop grande dureté de la roche.

C'est sans doute à la suite de difficultés et de mécomptes de ce genre qu'on fut conduit à essayer l'emploi de la poudre dans les travaux des mines; la première mention qui en est faite date de 1627 : des essais faits dans les mines de l'Oberbiberstollen en présence du Conseil des mines montrèrent que le tirage à la poudre ne pouvait avoir d'inconvénients : « *Il donne cependant* », dit un acte du 8 février 1627, cité par M. V. Lipold (*), « *naissance à de la fumée, mais celle-ci se dissipe en un quart d'heure et n'est, par la grâce du Seigneur, aucunement nuisible; elle entraîne au contraire avec elle beaucoup de mauvais air.* » On reconnut en même temps quels services la poudre pouvait rendre dans l'abatage des roches dures. A partir de ce moment, elle fut employée dans les mines de Schemnitz et son usage se répandit de là dans toute l'Allemagne. Il semble cependant qu'on ne s'en servit d'abord qu'avec une certaine réserve et peut-être dans des cas exceptionnels, car pendant toute la seconde moitié du XVIIe siècle on continua à percer des galeries à la pointerolle, comme le témoignent les dates inscrites sur les parois pour indiquer l'avancement annuel : dans la Bartolomäi Stollen, par exemple, près de l'Andreas Schacht, nous avons relevé les dates 1664, 1668 et 1677.

(*) M. V. Lipold, *loc. cit.*, p. 367.

L'achèvement de la Dreifaltigkeit Erbstollen, en 1671, rendit aux mines de Schemnitz quelques années de prospérité, un peu troublées, il est vrai, par les incursions des Turcs; on dut fortifier Schemnitz et Windschacht et se mettre en mesure de résister à l'ennemi. Mais vers la fin du siècle, il fallut recommencer à lutter contre l'envahissement des eaux : on fut obligé de requérir mille ouvriers dans les comitats voisins; la dépense s'élevait à 5.000 florins par semaine, et l'on ne pouvait faire baisser le niveau au-dessous de la Dreifaltigkeit Erbstollen; après quelques années d'efforts infructueux, qui se soldaient naturellement par des pertes considérables, les États hongrois décidèrent, en 1707, l'abandon des mines; l'ordre, qui n'avait pas été exécuté, fut renouvelé par l'empereur en 1710. Ce ne fut qu'à l'énergie de Mathias Cornelius Hell, l'inventeur des machines à colonne d'eau, et à son intervention personnelle auprès de Joseph Ier qu'on dut le retrait de l'ordonnance de 1710. On créa de nouveaux étangs; Hell installa des machines à feu pour l'épuisement; en 1749, il établit au Leopold Schacht la première machine à colonne d'eau. On se décida à prolonger jusqu'à Schemnitz la galerie d'écoulement d'Hodritsch, qui avait été commencée en 1494 et finie en 1657 : il s'agissait de réunir deux puits, distants de 3.250 mètres environ. Ce travail dura dix-huit ans; il fut terminé à la fin de 1765 et coûta 350.000 florins. Cette galerie porte aujourd'hui le nom de *Kaiser Franz Erbstollen*. Bien qu'elle ne fût pas placée assez bas pour assécher tous les travaux alors existants, elle rendit cependant et rend encore les plus grands services; tant que la Kaiser Josephi II Erbstollen, placée environ 190 mètres plus bas, ne sera pas terminée, elle desservira seule les mines de Schemnitz et de Windschacht.

Grâce à cette galerie et aux puissantes machines installées par Hell, les mines se retrouvaient dans une situation prospère. Une école des mines fut créée à Schemnitz en

1763 par l'impératrice Marie-Thérèse et élevée en 1770 au rang de *Bergakademie*. En 1783, on découvrit le Stefan Gang, dont l'exploitation donna pendant plusieurs années des bénéfices considérables, employés à payer les frais des longues guerres qu'eut à soutenir alors l'empire d'Autriche.

Le 19 mars 1782, on avait commencé la galerie d'écoulement dite *Kaiser Josephi Secundi Erbstollen*, qui, desservant toutes les mines de Schemnitz et d'Hodritsch, va déboucher dans la vallée de la Gran un peu en aval de Zsarnovicz. Elle doit avoir une longueur de 14.800 mètres, et son développement total, en y comprenant les branches destinées à rejoindre le Carl Schacht et le Franz Schacht, sera de près de 18 kilomètres. Malheureusement, les travaux de cette galerie furent à plusieurs reprises interrompus par l'affluence des eaux : en 1828, les mines furent noyées, mais on parvint à les assécher complétement. Le même accident arriva en 1844, mais il fallut six ans pour se rendre maître des eaux, au prix d'une dépense de 100.000 florins. Enfin en 1861 les mines de Schemnitz se remplirent de nouveau, il y eut une série de trois années de sécheresse, de sorte que les étangs, ne se remplissant pas, ne purent fournir assez d'eau pour entretenir la marche des machines d'épuisement. Depuis cette époque, malgré l'installation de trois machines à vapeur, on n'est pas arrivé à épuiser jusqu'aux niveaux inférieurs et l'on n'a pu, du côté de Schemnitz, continuer le travail de la Kaiser Josephi II Erbstollen; du côté d'Hodritsch, on a dû aussi abandonner temporairement quelques chantiers; mais les divers tronçons, attaqués séparément, sont aujourd'hui tous réunis : il ne reste plus qu'à traverser le chaînon du Paradeisberg. On espère qu'une dizaine d'années (*) suffiront pour mener ce travail à

(*) L'emploi des perforateurs mécaniques, qu'on vient d'essayer avec succès, permettra sans doute d'arriver beaucoup plus tôt à l'achèvement de cette galerie. (V. plus loin, p. 175.)

bonne fin, et il est permis de croire que son achèvement inaugurera pour les mines de Schemnitz une nouvelle ère de prospérité.

Exploitation.

ANCIENS TRAVAUX. — Comme on vient de le voir par le résumé historique qui précède, les mines du district de Schemnitz sont exploitées activement depuis très-longtemps. Beaucoup d'anciens travaux sont encore en parfait état de conservation et il est facile, en les parcourant, de se rendre compte du mode de travail employé aux différentes époques. Ils constituent, pour ainsi dire, un grand musée historique de l'art des mines, et à ce point de vue ils présentent un très-grand intérêt.

Les vieux travaux les plus développés et les plus anciens sont ceux des étages supérieurs de l'Allerheiligen Gang à Hodritsch; on y trouve des exemples divers d'avancements en galeries et d'abatages en chantiers, faits au marteau et à la pointerolle. Les galeries ont une section trapézoïdale; leur largeur au toit est toujours très-faible et dépasse rarement $0^m,40$ à $0^m,50$; au mur, la largeur atteint $0^m,80$; leur hauteur est variable; en quelques points elle dépasse 2 mètres, tandis qu'ailleurs elle est à peine de $1^m,50$; la moyenne est généralement un peu inférieure à la taille ordinaire d'un homme. Il est probable que ces différences de hauteur sont dues à des erreurs de nivellement et que les points où cette hauteur est exagérée sont ceux où il a fallu abaisser le sol de la galerie pour la régulariser et la faire servir à l'écoulement des eaux ou au roulage. Ces galeries sont presque toujours tortueuses; on voit que souvent les mineurs qui les creusaient modifiaient leur direction; on y rencontre fréquemment en effet des changements brusques, au voisinage desquels se trouvent des chantiers abandonnés qui forment ainsi de petits culs-de-sac s'ouvrant dans la galerie.

En beaucoup de points où la roche est dure, ces chantiers sont admirablement conservés; tous ne sont pas identiques. Le plus souvent, le travail au chantier se faisait de bas en haut; la largeur de la galerie était prise en deux fois, en commençant par la moitié de droite, et chaque moitié, étant abattue en trois parties, présentait la disposition par gradins renversés, représentée Pl. VIII, *fig.* 7 et 8; quelquefois le front de taille est en escalier, toute la largeur de la galerie est prise à la fois, et le point le plus avancé est au toit (V. *fig.* 9 et 10, Pl. VIII). Cette disposition pouvait permettre, une fois l'avancement fait sur une certaine hauteur au toit, de faire sauter les gradins inférieurs à coups de masse ou à l'aide de coins en frappant verticalement de haut en bas. Mais le peu de largeur de la galerie devait rendre difficile l'enlèvement des premiers gradins à l'aide du marteau et de la pointerolle. Ailleurs, le front de taille est également en gradins droits, mais les gradins n'ont pas toute la largeur de la galerie et sont, par suite, fort étroits; tantôt la série de gradins est située au milieu même du front de taille (V. *fig.* 11 et 13, Pl. VIII), tantôt elle est rejetée contre l'une des parois (V. *fig.* 12). Les masses laissées ainsi en arrière de chaque côté ou d'un seul côté de la galerie pouvaient alors être abattues plus facilement, mais le travail dans ces gradins étroits devait être fort pénible. Quelquefois aussi le front de taille est droit, et l'on voit sur l'un des côtés, tout contre la paroi, sur toute la hauteur de la galerie, une entaille étroite et profonde, une sorte de havage vertical analogue à ce que les carriers de Paris nomment *tranche de défermage* (V. *fig.* 14 et 16, Pl. VIII). Cette entaille n'est pas toujours de largeur uniforme, elle est quelquefois composée de parties triangulaires qui forment, pour ainsi dire, autant de reprises dans le travail (V. *fig.* 15); il est probable que ces entailles verticales, une fois amorcées par le haut au marteau et à la pointerolle, étaient continuées vers le bas à l'aide de pics lourds manœuvrés verticalement et analogues aux marteaux à pointes des tailleurs de pierres; les traces laissées sont en effet semblables à celles que l'on voit sur les blocs ébauchés ; elles sont formées de lignes verticales continues et régulières.

Sur les parois très-régulières et très-planes d'un grand nombre de ces galeries, on voit les traces de trous circulaires faits au fleuret ; leur axe est presque exactement dans le plan même de la paroi et dirigé horizontalement. Ces trous ont 4 centimètres de diamètre ; ils sont très-nets et l'examen de leur fond montre qu'ils ont été forés à l'aide de fleurets dont la pointe avait la forme indiquée par la *fig.* 17, Pl. VIII; tous présentent en effet, au fond de la cavité sphérique qui les termine, une petite cavité conique et très-aiguë. Il est probable que ces trous, qui avaient une profondeur de 0m,50 au moins, servaient à l'abatage de la roche au moyen de coins de fer analogues au *coin liégeois* qui a été employé dans le pays de Liége pour l'abatage de la houille (*). Dans les galeries qui portent ces traces de trous de fleurets, on voit en outre des encoches faites dans la roche, disposées en regard l'une de l'autre sur les deux parois et sur deux rangées en hauteur. On croit que ces encoches servaient à encastrer des pièces de bois transversales auxquelles on suspendait de lourds marteaux formant béliers et servant, soit à frapper sur les fleurets pour forer les trous, soit à agir ensuite sur les coins pour faire sauter la roche. La disposition des trous de fleurets, toujours horizontaux et dirigés parallèlement aux parois, montre qu'on n'avait jamais besoin que d'efforts horizontaux et longitudinaux pour frapper sur les

(*) M. *L. v. Csch*, ingénieur des travaux de l'Allerheiligen Gang, pense qu'on y enfonçait des coins en bois que l'on humectait ensuite et dont le gonflement faisait éclater la roche. D'après son opinion, la pointe que portait le fleuret servait à le maintenir bien centré quand on le faisait tourner autour de son axe.

fleurets ou les coins, et donne une grande vraisemblance à la supposition qui vient d'être émise. On ne sait pas exactement à quelle époque remonte ce mode de travail ; on le croit antérieur à l'emploi de la poudre, car le peu de largeur des galeries empêche de croire que ces trous aient pu servir au tirage à la poudre ; du reste, dans tous les travaux anciens faits à la poudre, la disposition des trous de fleurets est la même que dans les travaux récents ; ces trous sont toujours plus ou moins obliques sur les parois, et ces dernières sont toujours irrégulières et jamais planes.

Nous avons pu voir dans une des veines du filon, en un point où le remplissage est très-dur, des chantiers d'abatage en taille montante par gradins renversés ; ce chantier a dû être abandonné par suite de l'appauvrissement de la veine en minerai et de sa trop grande dureté ; ils est aussi net que s'il datait d'hier. La veine a environ 1 mètre d'épaisseur et son pendage est de 20 à 25° au plus. C'est en ce point qu'on voit sur les épontes polies de la veine, comme nous l'avons signalé plus haut, des stries de glissement faisant avec la ligne de pente un angle de 40°. Dans ces épontes sont creusées des encoches se correspondant au toit et au mur, qui servaient à l'encastrement de buttes, destinées, non à soutenir le toit qui est très-solide, mais à permettre aux ouvriers de monter au chantier et de s'y maintenir, ce qui eût été impossible sans cela avec un mur aussi bien poli. Les gradins qui composent ces chantiers sont d'une grande régularité et tous égaux entre eux ; leurs parois sont planes comme celles des galeries. L'avancement de chaque gradin était disposé comme un chantier de galerie, et pris en deux fois. (V. *fig.* 18, Pl. VIII).

Parmi les nombreux ouvrages à la pointerolle que l'on peut admirer dans les vieux travaux de l'Allerheiligen Gang, galeries, cheminées, chantiers, etc., nous devons citer un escalier tournant formé de quatre rampes, disposées à angle droit à la suite l'une de l'autre autour d'un axe vertical, et destiné à mettre en communication deux étages voisins de l'exploitation. La distance verticale de ces étages est de 20 mètres environ. Chacune de ces rampes est formée d'une galerie en pente très-roide, de section identique à celle des galeries de niveau; les marches de l'escalier sont faites de pièces de bois transversales encastrées dans les parois. La roche dans laquelle ces rampes sont creusées est absolument compacte, sans aucune fissure; aussi se sont-elles admirablement conservées. Cet escalier est certainement un des travaux de mines les plus originaux qu'on puisse voir; on s'explique difficilement le motif qui le fit percer, surtout quand on songe au temps qu'il fallut y consacrer. Mais il est un témoin irrécusable de la richesse de la mine à l'époque où il fut exécuté; il fallait en effet que les mineurs eussent des ressources superflues pour les employer à des travaux aussi luxueux. Cette époque n'est pas connue; on a trouvé fort peu de dates inscrites dans ces vieux travaux. Nous avons parcouru ceux qui sont abordables, et nous n'en avons vu qu'une seule, celle de 1560. En revanche, on peut voir en quelques points des dessins grossiers gravés sur les parois des galeries : vers le bas de l'escalier dont nous avons parlé se trouve une main dessinée à la pointerolle et au-dessous, inscrit en caractères gothiques, le salut des mineurs allemands « *Glück auf!* » avec le dessin d'un marteau et d'une pointerolle (*). La légende rapporte qu'un mineur travaillant en cet endroit fut visité par un kobold avec lequel il eut une discussion violente; le kobold voulut lui donner un soufflet, mais le mineur se détourna vivement et la main du kobold frappa

(*) Ce dessin montre qu'alors le manche de la pointerolle était très-oblique; les vieilles armoiries de la ville de Schemnitz, sculptées sur la Dillner Thor, qui contiennent un marteau et une pointerolle, donnent à ce dernier instrument la même forme; cette disposition devait être fort commode pour travailler dans les angles.

avec tant de force sur la paroi de la galerie qu'elle s'y imprima. Après le départ de ce visiteur importun, le mineur, en signe d'allégresse, grava un « *Glück auf!* » au-dessous de l'empreinte de la main. Ailleurs dans le *Dreimänner-schlag*, à l'endroit où se trouve gravée la date 1560, on peut voir encore complet le portrait grossier d'un mineur et reconnaître aux traits du dessin qu'à cette époque le costume était le même qu'aujourd'hui, et qu'on portait déjà aux épaules ces *poufs* épais, particuliers aux mineurs de Schemnitz, si bien faits pour amortir les chocs inévitables quand on circule dans des galeries basses et étroites. Il y avait ainsi trois portraits l'un à côté de l'autre; deux d'entre eux sont détruits, par suite de l'éboulement de la roche ; ce sont ces portraits et une légende qui s'y rattache qui ont fait donner à cette galerie le nom qu'elle porte.

Outre les travaux remarquables dont nous venons de parler, les vieilles mines de l'Allerheiligen Gang contiennent d'énormes excavations, parmi lesquelles on peut citer l'*Erzsinkner Zeche*, la *Kegelplatz* et la *Kanzel*, et qui témoignent de ce que fut la richesse du filon. La visite de ces travaux présente un attrait puissant; ils forment pour ainsi dire autant de pages de l'histoire des mines, et nous avons pensé qu'il n'était pas sans intérêt de les décrire ici avec quelques détails.

Travaux actuels. — La méthode d'exploitation généralement adoptée à Schemnitz est celle des *gradins renversés;* mais dans beaucoup de cas, surtout au voisinage du niveau des eaux, on pousse des chantiers en *gradins droits*, tant que l'irruption des eaux ne force pas à les suspendre. Nous ne ferons qu'indiquer les traits généraux qui caractérisent l'ensemble de l'exploitation, sans entrer dans les détails; les travaux sont trop peu actifs aujourd'hui pour que l'étude de ces détails puisse donner des indications précises; nous passerons successivement en revue l'abatage en galeries et en chantiers, le roulage, l'extraction, l'épuisement ; nous indiquerons le principe de la préparation mécanique des minerais, et nous terminerons en donnant quelques renseignements statistiques sur la production des mines.

Abatage. — L'abatage en galeries et en chantiers se fait à la poudre, excepté dans le cas où la roche est décomposée. Généralement on se sert de poudre de mine ordinaire; les coups de mine sont de petites dimensions, leur profondeur varie de $0^m,40$ à $0^m,60$; le tirage se fait à un seul homme. Dans les parties très-dures, on emploie la dynamite.

Règle générale, les galeries et les chantiers sont poussés sur les dimensions uniformes de $1^m,50$ de largeur sur 2 mètres de hauteur, quelque mince que soit la veine poursuivie ou exploitée. Dans le cas où le filon a plus de $1^m,50$ de puissance, on l'abat tout entier; mais si sa largeur devient trop considérable, les chantiers sont poussés en travers avec les dimensions indiquées; c'est ce qui arrive dans les points exceptionnellement riches; on applique là la méthode dite *en travers* (*Querbau*). Cette constance dans les dimensions du front de taille, quelle que soit l'épaisseur de la veine, tient à ce que l'on cherche à avoir une unité de mesure constante pour le règlement des salaires : ceux-ci sont en effet fixés d'après l'avancement. Chaque quinzaine, l'ingénieur des travaux (*Schichtenmeister*) vient mesurer la longueur abattue, examine la dureté de la roche, et fixe le prix du travail (*Geding*) pour la quinzaine suivante.

Il en est ainsi dans les galeries au rocher et dans les chantiers qui ne donnent pas de minerai de scheidage; mais dans le cas où le triage permet de séparer du minerai bon à fondre, ce triage se fait au chantier même, et outre le prix fixé pour l'avancement, les mineurs reçoivent une certaine somme par livre (*Münzpfund* = 500 gram.)

d'argent contenue dans le minerai trié. Cette somme est variable suivant la richesse du chantier; lors de notre visite, elle était généralement de 10 florins-papier (*); mais dans certaines colonnes riches du Grüner Gang, au Franz Schacht, elle a été abaissée parfois à 10 kreutzer ($0^{fr},25$). D'habitude, les prix sont réglés de façon que le salaire brut de l'ouvrier soit de 2 à $2^{fr},25$ par jour; pour avoir le salaire net, il faudrait retrancher de cette somme la valeur de l'huile, de la poudre et des mèches qu'il consomme, ainsi que les frais de réparation des fleurets et outils divers.

Dans la Kaiser Josephi II Erbstollen, le mode de travail est différent; les dimensions de cette galerie sont tout à fait inaccoutumées dans les travaux des mines : elle a 6 mètres de hauteur sur 2 mètres de largeur; elle est divisée par une voûte en deux galeries distinctes: celle du dessous servira à l'écoulement des eaux et celle du dessus au roulage et à l'extraction; chaque partie est poussée séparément. Les coups de mine sont de grandes dimensions; on fait le tirage à deux hommes et l'on se sert de dynamite. L'avancement de chaque chantier est payé au mètre courant, et non à la toise comme dans les filons; dans les roches dures, syénite ou grünstein, où nous avons vu les chantiers, on donne 75 florins par mètre si l'on avance de 10 mètres en quinze jours, et 65 florins seulement si l'on avance de moins de 10 mètres. Cette différence assez considérable a pour but d'exciter les ouvriers à avancer rapidement, mais ils n'arrivent que trop rarement à obtenir le chiffre le plus élevé. Aujourd'hui, la Kaiser Josephi II Erbstollen est terminée jusqu'en amont du Zipser Schacht (**);

(*) La valeur exacte du florin argent est de $2^{f},50$; celle du florin-papier est variable; au moment de notre séjour en Autriche, elle était environ de $2^{f},29$.

(**) Le tronçon qui va du Lill Schacht au Zipser Schacht a été achevé le 21 mars 1873.

elle ne peut plus être attaquée que par un chantier, et il reste encore environ 1.400 mètres à faire pour atteindre l'Amalia Schacht. Lors de notre visite, on n'avait pas encore songé à se servir à Schemnitz des perforateurs mécaniques. On avançait de 150 mètres au plus par an, et les ingénieurs estimaient à 10 ans le temps nécessaire à l'achèvement de ce grand travail; mais nous apprenons qu'on s'est enfin décidé à recourir à l'emploi des perforateurs; les essais qu'on en a faits ont donné de bons résultats, et l'on espère qu'en deux ans et demi au maximum on aura percé les 1.400 mètres qui en ce moment (fin de mai 1875) séparent encore le chantier d'Hodritsch de l'Amalia Schacht (*).

Roulage. — Le roulage se fait presque exclusivement au moyen de petits wagons nommés chiens de mines (*Berghund*), roulant sur un cours de planches qui règne tout le long des galeries. Le chien de mine se compose d'une caisse en bois de 1^{m},20 de longueur, 0^{m},40 de largeur et 0^{m},40 de profondeur. Cette caisse est montée sur trois petites roues, dont l'une est disposée au milieu de la largeur, tout à fait à l'avant de la caisse; les deux autres sont placées sur un même essieu, un peu en arrière du milieu de la longueur; ces dernières ont 0^{m},12 à 0^{m},15 de diamètre, l'autre est plus petite encore. A l'arrière de la caisse, se trouvent des poignées en bois que le rouleur saisit dans ses mains pour pousser devant lui son véhicule. En appuyant un peu sur ces poignées, il soulève l'avant de la caisse et peut très-facilement et très-rapidement changer de direction et tourner des coudes extrêmement brusques. Presque partout le même rouleur va depuis le chantier d'abatage jusqu'à la recette du puits; dans quelques mines seulement, il s'arrête à une grande galerie principale dans laquelle circulent de petits wagons sur des rails de fonte

(*) Lettre de M. *L. v. Csch.*

ou de fer; quand il est arrivé au point où il doit décharger son wagonnet, il le culbute sur le côté; les petites dimensions de l'appareil rendent cette manœuvre très-facile.

Le chien de mine est excellent pour sortir les minerais des chantiers d'abatage; il est de petites dimensions, et la voie sur laquelle il roule peut s'établir à très-peu de frais et très-rapidement; il peut se prêter ainsi à toutes les irrégularités des chantiers. Mais si l'exploitation est un peu active, son rôle doit se borner là; des moyens plus perfectionnés et plus puissants doivent être employés pour conduire le minerai aux recettes des puits. Les galeries principales doivent alors être munies de petites voies de fer sur lesquelles roulent les wagons que l'on devra remonter au jour avec le minerai contenu.

Extraction. — L'extraction se fait, en général, par des puits non guidés, au moyen de sacs. Il n'y a dans tout le district de Schemnitz que quatre puits guidés : le Franz Schacht, le Mariahimmelfahrt Schacht, le Sigmund Schacht et le Michael Schacht. Les cages qui circulent dans ces puits ne portent qu'un seul wagon; elles n'ont ni suspension élastique ni parachute. Partout on se sert de câbles ronds en fil de fer, fabriqués à Windschacht. Les sacs employés pour monter le minerai sont en cuir; les minerais, amenés aux puits par les chiens de mine, sont accumulés dans des recettes de dimensions considérables; ce sont de grandes chambres ayant de 4 à 5 mètres de largeur, et parfois plus de 10 mètres de longueur; leur hauteur est d'ordinaire de 4 mètres ou plus. Ces chambres sont voûtées quand la roche ne présente pas une grande solidité. Sur le bord du puits, complétement ouvert du côté de la recette, se trouve une excavation dans laquelle on fait descendre le sac pour le remplir; le remplissage du sac se fait à l'aide de petits augets en bois que l'on charge en attirant les matières à l'aide d'une sorte de hoyau à large fer et que l'on porte ensuite à bras jusqu'au sac, où on les vide (*). Lorsque le sac est arrivé au jour, on le pose sur un truc qui le conduit sur la halde au point où l'on veut le renverser; on l'accroche alors au moyen d'un fort anneau qu'il porte à son fond, à un bâti en bois qui s'élève au-dessus de la voie; en retirant le truc, qui se dérobe sous le sac, celui-ci reste pendu et se vide naturellement. C'est ainsi que l'on fait l'extraction des minerais à bocarder et des matières stériles; quant aux minerais triés aux chantiers, ils sont d'abord enfermés dans de petits sacs de toile de $0^m,10$ à $0^m,15$ de diamètre sur $0^m,30$ à $0^m,40$ de hauteur; ces petits sacs sont apportés à la recette, puis chargés dans le grand sac de cuir et montés au jour.

Les puits sont divisés en trois compartiments : deux pour l'extraction et le troisième pour les échelles. Les compartiments d'extraction sont coulantés en planches non jointives; ils ont d'habitude 1 mètre de largeur sur près de 2 mètres de longueur. Le compartiment des échelles est carré; il a 2 mètres de côté environ; les échelles sont toujours très-courtes et très-inclinées; les plus longues ont 4 mètres; mais généralement elles n'ont que $2^m,50$ de hauteur. Dans le cas où une machine d'épuisement est placée sur le puits, on ajoute un quatrième compartiment; il en résulte que les puits principaux ont une section de 6 à 8 mètres de longueur sur 2 mètres à $2^m,50$ de largeur; les boisages de ces puits sont formés de poutres d'un fort équarrissage.

Comme on le voit, on donne à tous les travaux souterrains

(*) Ces augets et ces hoyaux sont du reste les instruments universels de transport et de chargement dans le district de Schemnitz, même pour les terrassements extérieurs. La pelle et la brouette y semblent complétement inconnues, et pour la construction des chemins de fer, on est forcé de faire venir d'Italie les terrassiers nécessaires, les habitants du pays n'ayant nulle notion d'un semblable travail.

des dimensions très-considérables; les galeries principales, les recettes et les puits ont des sections bien grandes pour l'importance de l'extraction, même aux moments les plus productifs. D'autre part, les puits sont extrêmement nombreux, et il en résulte des frais d'entretien énormes.

Les signaux se transmettent du fond des puits d'une manière tout à fait primitive, par l'intermédiaire du câble lui-même. A la recette supérieure, un homme tient constamment le câble dans sa main lorsque le sac d'extraction est en bas; quand ce dernier est rempli, les ouvriers du bas tirent sur le câble et lui impriment un certain nombre de secousses qui se transmettent à la main de celui qui le tient à la recette supérieure; ce dernier commande alors la manœuvre.

Les ouvriers descendent et remontent au moyen des échelles, mais les ingénieurs, les chefs mineurs et les visiteurs, quand ils y consentent du moins, voyagent dans les puits au moyen des *Knechte*. Le knecht est une espèce de sellette composée de fortes lanières de cuir solidement attachées à deux anneaux de fer suspendus au câble au moyen de cordes. L'une de ces lanières forme le siége, et l'autre, qui est plus étroite, forme le dossier. Lorsque l'on est assis dans le knecht, on a une position un peu renversée en arrière, mais tout à fait stable. Les deux mains sont complétement libres, et l'on peut se guider contre les parois du puits afin de pas tourner; la lampe est accrochée sous la sellette. D'habitude on attache trois appareils semblables à l'extrémité du câble, à des intervalles de 3 à 4 mètres. On peut ainsi descendre en même temps une grappe de trois personnes, comme l'indique la *fig.* 19, Pl. VIII. Celle qui est au milieu n'a pas besoin de se guider si les deux autres le font; cette place du milieu est réservée d'ordinaire aux visiteurs novices, car ce n'est qu'après quelques descentes qu'on arrive à avoir assez de confiance pour s'abandonner complétement à la solidité du knecht et lâcher les cordes qui le soutiennent pour se guider soi-même dans le puits. La vitesse est toujours faible, néanmoins à la montée on peut aller presque aussi vite que dans des cages guidées, si le puits est bien vertical et bien coulanté.

Le puits est fermé par une trappe à deux battants présentant chacun une échancrure; le câble peut passer par l'ouverture formée par ces deux échancrures, qui se trouvent placées en regard l'une de l'autre lorsque les battants sont baissés. Pour la descente, le siége inférieur est amené à une hauteur convenable, et la première personne s'y place; on ouvre la trappe et l'on descend lentement jusqu'à ce que le deuxième siége arrive à la hauteur où était le premier; on arrête le câble, on ferme la trappe, et la deuxième personne se place, avec le câble entre les jambes; on rouvre la trappe et ainsi de suite. Lorsque les trois personnes sont suspendues dans le puits, on le ferme et on laisse descendre le câble et les hommes qu'il porte sous la seule action de la pesanteur en desserrant le frein peu à peu.

Les signaux se transmettent aussi par le câble, comme pour l'extraction : pendant tout le temps de la descente ou de la montée, l'ouvrier qui commande la manœuvre laisse filer le câble dans sa main à demi fermée, afin de pouvoir ressentir les secousses qu'on lui transmet. A la descente, lorsque celui qui occupe le siége inférieur voit qu'on est sur le point d'arriver, il se soulève et se laisse retomber sur sa sellette un certain nombre de fois, pour avertir d'aller lentement; arrivé à la hauteur de la recette, il s'avance peu à peu en se guidant avec les mains vers l'ouverture du puits, saisit une poignée en fer fixée à l'un des montants verticaux qui encadrent cette ouverture et se dégage de sa sellette au moment où ses pieds posent sur le sol de la recette; il attire à lui le câble, au fur et à mesure qu'il descend, et aide les deux autres personnes à se dégager de leurs siéges, puis il donne le signal d'arrêt.

A la remontée, le câble, portant les trois siéges, est

étendu dans la recette; chacun s'installe dans son knecht, et s'avance peu à peu vers le bord du puits, au fur et à mesure que le câble monte. Arrivé au bord, on soutient d'une main les cordes de suspension de son siége, afin que celui-ci reste bien placé, et l'on se tient de l'autre à la poignée en fer. Lorsque les cordes se roidissent, on s'assied complétement et l'on est lancé tout naturellement au milieu du puits; on se retourne alors pour saisir le câble entre les jambes. Quand la dernière personne est suspendue, elle donne le signal comme précédemment, et la vitesse s'accélère. C'est surtout cette manœuvre de la remontée qui produit une certaine impression la première fois qu'on l'exécute; mais on s'y habitue rapidement, et l'on arrive bien vite à apprécier à sa juste valeur ce moyen de transport à la fois si simple et si sûr. Pour sortir du puits, on ralentit le mouvement, dès qu'un index fixé sur le câble apparaît au jour, et l'on fait une manœuvre inverse de celle qu'on a faite à l'entrée.

Les moteurs employés pour l'extraction sont généralement des roues hydrauliques; elles sont à augets et formées de deux roues accolées ayant les augets en sens inverses. De cette façon, en donnant l'eau à telle ou telle moitié de la roue, on peut obtenir le mouvement dans tel ou tel sens. Quelques-unes de ces roues, comme à l'Elisabeth Schacht à Schemnitz et au Lill Schacht à Hodritsch, sont placées souterrainement au niveau d'une des grandes galeries d'écoulement. Au Michael Schacht, la machine motrice est une machine à colonne d'eau à double effet et à deux cylindres horizontaux. Un grand nombre de puits n'ont pas de moteur hydraulique à leur disposition; l'extraction s'y fait alors à l'aide de grands manéges à six chevaux; tous les puits munis de roues ont également un manége; ce manége est installé dans une sorte de rotonde basse, dont le toit pyramidal, visible de loin, indique la présence d'un puits. Il n'y a, dans tout le district de Schemnitz, que trois puits munis de machines à vapeur pour l'extraction ; ce sont le Sigmund Schacht, le Mariahimmelfahrt Schacht et le Franz Schacht.

Épuisement.— L'épuisement se fait par un certain nombre de puits, au moyen de pompes mues par des machines à colonne d'eau ou par des machines à vapeur. A Schemnitz, on élève l'eau au niveau de la Kaiser Franz Erbstollen, à Hodritsch au niveau de la Kaiser Josephi II Erbstollen, et à Eisenbach au niveau de la Kreuz-Erfindungs Erbstollen.

Le tableau suivant(*) indique les puits munis de pompes, la nature des moteurs et leur force en chevaux-vapeur.

PUITS.		MACHINES à colonne d'eau.	MACHINES à vapeur.	FORCE en chevaux-vapeur.
Schemnitz.	Sigmund Sch.	....	1	100,0
	Andreas Sch.	1	....	45.3
	Leopold Sch.	2	....	64,6
		....	1	150,0
	Mariahimmelfahrt Sch.	....	1	28,0
	Michael Sch.	1	....	»
Hodritsch.	Zipser Sch.	....	1 (*)	100,0
	Neu Anton Sch.	1	....	9,2
Eisenbach.	Alt Anton Sch.	1	....	4,0

(*) Cette machine, destinée à épuiser l'eau de la Kaiser Josephi II Erbstollen, devait être transportée au Sigmund Schacht, dès que le tronçon entre le Lill Schacht et le Zipser Schacht serait terminé.

Les machines à vapeur qui servent à l'extraction et à l'épuisement sont alimentées tantôt par du bois, tantôt par de la houille ; le prix de revient de ce dernier combustible est énorme, il s'élève à près de 80 francs la tonne. Lorsque l'embranchement, appartenant au réseau des chemins de fer de l'État, qui doit relier Schemnitz à Garam-Berzencze, sera terminé, ce prix de revient baissera sans doute sensiblement ; mais on a été conduit, en dehors de toute considération technique ou industrielle, à faire cet embranchement à très-petite section et à lui donner un tracé si

(*) G. Faller. *Der Schemnitzer Metall-Bergbau.*

accidenté qu'il sera à peu près impossible dans l'avenir de le faire à grande section pour le prolonger jusqu'à la Gran et de là le réunir à la grande ligne autrichienne qui suit le Danube. Le charbon qui arrivera à Schemnitz devra donc subir un transbordement; de plus on ne pourra le tirer que de la Hongrie même, qui, en dehors des mines de Steyerdof et de Fünfkirchen, ne possède que des lignites d'assez médiocre qualité. La situation économique au point de vue du combustible ne pourra donc s'améliorer beaucoup à Schemnitz, même si les lignites de la vallée de la Gran, que l'on recherche en ce moment, venaient à être exploités activement.

Quant au bois, son prix est encore fort élevé quoiqu'il soit très-abondant dans la contrée : les transports sont difficiles dans les forêts et les habitants disposent d'un trop petit nombre de bêtes de trait pour qu'on puisse compter sur un approvisionnement régulier.

On comprend, d'après ce qui précède, que la force hydraulique soit pour Schemnitz d'une importance capitale et qu'on ait pu avec raison faire des sacrifices considérables pour aménager cette force et la distribuer aux différentes machines d'extraction et d'épuisement, aux nombreux ateliers de préparation mécanique et aux usines. Comme il n'existe pas de cours d'eau important pouvant donner en toute saison une force motrice régulière, on a dû faire des retenues d'eau dans les vallées, au moyen de digues qui sont souvent d'une grande hauteur, et créer ainsi des étangs artificiels, sortes de grands magasins où la force s'accumule pendant la saison des pluies, pour être ensuite utilisée et dépensée au moment voulu. De nombreux canaux recueillent les eaux de pluie sur les différents versants pour les amener dans les étangs; d'autres conduisent les eaux de ces étangs aux diverses machines motrices. Celles-ci étant placées à des niveaux très-différents, les mêmes eaux en font mouvoir souvent une série assez nombreuse; c'est pour arriver à ce but qu'on a disséminé les ateliers de préparation mécanique dans les différentes vallées en les échelonnant les uns au-dessus des autres. Le tableau suivant, emprunté à M. G. Faller, donne les noms des principaux étangs et leur capacité.

LOCALITÉS desservies.	NOMS DES ETANGS.	CAPACITÉ en mètres cubes.	HAUTEUR de la digue.
		mèt. cubes.	mètres.
Windschacht, Steplitzhof et Sz. Antal.	Pocsuwalder Teich.	925.000	16,60
	Grand Reichauer Teich.	1.200.000	22,30
	Petit Reichauer Teich.	666.600	16,30
	Bacomi Teich.	200.000	14,30
	Grand Windschachter Teich. .	666.600	14.00
	Petit Windschachter Teich. . .	260 000	10,30
Andreas Schacht. .	Klingerstollner Teich.	200.000	21,00
Rybnik et Sz. Antal.	Kohlbacher Teiche	1.050.000	»
Vallée d'Hodritsch.	Oberer Hodritscher Teich. . .	311.000	»
	Unterer Hodritscher Teich. . .	750.000	»
Vallée d'Eisenbach.	Rossgrunder Teich.	1.111.000	»

Il existe en outre d'autres petits étangs, savoir le Rottenbrunner Teich, le Stadt Teich et l'Ottergrunder Teich au-dessus de Schemnitz; le Rybniker Teich à Rybnik; le Michael Teich, le Dillner Teich et le Halser Teich qui desservent les ateliers et l'usine de la vallée de Dillen ; enfin on peut citer aussi l'étang de Steplitzhof près de l'usine, celui de Siglisberg et celui de Moderstollen ; ces trois derniers sont de petites dimensions.

Plusieurs de ces étangs, le Pocsuwalder Teich, le Reichauer Teich et les Kohlbacher Teich, sont situés en dehors du bassin qu'ils desservent ; leurs eaux sont amenées au moyen de conduits souterrains placés dans des galeries d'une grande longueur dont un coup d'œil jeté sur la carte suffit pour faire apprécier l'importance.

Dans la partie inférieure de la vallée d'Hodritsch, l'eau qui sort de la Kaiser Franz Erbstollen est employée à faire mouvoir les machines d'extraction de quelques puits, tels que le Leopold Schacht, le Delius Schacht et le Rudolf Schacht, et les nombreux bocards qui sont échelonnés le long de la vallée ; après l'achèvement de la Kaiser Josephi II Erbstollen, le débit de la Kaiser Franz Erbstollen sera considérablement réduit et peut-être presque complétement annulé ; il faudra alors pourvoir à remplacer pour la vallée d'Hodritsch la force motrice disparue.

Préparation mécanique. — Nous ne voulons pas entrer ici dans les détails de la préparation mécanique ; nous ne ferons qu'indiquer les principes du traitement.

Minerais d'argent. — Nous avons dit plus haut que les minerais d'argent sont triés dans la mine même et séparés en deux catégories : les minerais suffisamment riches pour être fondus directement (*Silbererze*), c'est-à-dire contenant près de 500 grammes d'argent ou plus aux 100 kilogrammes, et les minerais à bocarder (*Pochgänge*), qui sont trop pauvres pour être fondus sans préparation. Ces derniers sont bocardés très-fin ; l'or qu'ils peuvent renfermer étant en paillettes extrêmement ténues, on est forcé de bocarder à mort pour dégager ces paillettes de la gangue et les séparer ensuite ; c'est cette considération qui domine dans tous les ateliers de préparation mécanique de Schemnitz et qui a imposé la méthode de traitement suivie.

Le traitement des schlamms obtenus est variable ; dans plusieurs ateliers, le courant d'eau qui les entraîne traverse d'abord une série de petits moulins à amalgamer connus sous le nom de *moulins tyroliens* ; au sortir des moulins, il passe sur une série de toiles grossières placées sur des tables assez inclinées. Les paillettes d'or sont retenues par le mercure des moulins, et les toiles arrêtent celles qui auraient échappé à l'amalgamation, ainsi que les petits globules de mercure entraînés ; ces toiles sont lavées à grande eau lorsqu'elles ont servi quelque temps, afin d'en détacher ces paillettes et ces globules qui se rassemblent au fond du baquet où se fait le lavage. Les schlamms sont ensuite conduits dans des labyrinthes où ils se classent, puis sur des tables à secousses où on les enrichit systématiquement jusqu'à ce qu'ils contiennent de 60 à 140 grammes d'argent aux 100 kilogrammes. Ces tables sont généralement à secousses longitudinales; les secousses ont une très-faible amplitude et souvent, pour les schlamms très-fins, on voit à peine un faible ridement se produire à la surface au moment de la secousse. L'arbre moteur tourne très-lentement, et à la suite d'une poussée de la came, la table retombe sur ses butoirs bien avant que cette came n'entre de nouveau en prise; l'élasticité agissant, la table rebondit, retombe, et ainsi de suite trois à quatre fois avant que la came ne la pousse de nouveau; les secousses successives qui se produisent ainsi sont de plus en plus faibles.

Lorsque les minerais sont suffisamment enrichis, ils subissent encore un lavage sur un grand auget en bois de noyer, à surface parfaitement régulière et bien polie, que l'ouvrier manie en le tenant suspendu devant lui avec l'extrémité des index et en le frappant sur son ventre. Il amène ainsi vers le haut de l'auget les grains les plus lourds; il arrose successivement les diverses régions de son auget à l'aide d'une corne de bœuf percée à son extrémité d'un petit trou, et, tenant l'auget incliné, il enlève à l'aide du mince filet d'eau qui s'échappe de cette corne la partie la plus rapprochée du bord de l'auget, c'est-à-dire la moins riche; il continue ensuite à donner des secousses, puis il lave, et ainsi de suite; lorsqu'il n'a plus que peu de matière sur l'auget, il termine la séparation à l'aide du filet d'eau, qu'il dirige d'une façon convenable; il arrive ainsi à séparer les globules de mercure ou d'amalgame qui avaient échappé à l'action des toiles, et obtient pour chaque lavée une petite tache blanche formée de poussière de mercure; le métal ainsi obtenu est rassemblé dans une sébile en bois.

Le maniement de cette espèce de table à main est assez délicat; il faut être très-expérimenté pour tirer un bon parti de cet instrument : d'habitude, c'est le chef de l'atelier seul qui s'en sert.

Dans d'autres ateliers, on supprime les moulins d'amalgamation, et, au sortir des bocards, les schlamms se rendent dans les labyrinthes et de là sur les tables à secousses. On a employé quelquefois dans l'un ou dans l'autre traitement les tables à secousses latérales de M. de Rittinger, mais on y a renoncé, surtout dans le cas où les moulins d'amalgamation n'existent pas ; leur emploi amenait la perte de la majeure partie de l'or : on comprend en effet que ce dernier métal se trouvant sous la forme de paillettes excessivement petites et surtout excessivement minces, ces paillettes pouvaient surnager au-dessus du courant d'eau toujours un peu fort qui règne sur ces appareils et être entraînées par lui.

Les schlamms riches préparés avec les matières non amalgamées sont traités sur l'auget comme nous l'avons indiqué plus haut pour ceux qui proviennent de matières amalgamées ; alors, la partie que l'on sépare est de la poudre d'or ; on rassemble cette poudre d'or dans une sébile de bois, dans laquelle on fait l'amalgamation.

Minerais plombo-cuivreux. — Au sortir de la mine, les minerais plombo-cuivreux sont passés au scheidage et séparés en cinq catégories :

Minerai de plomb à fondre (*Bleierze*).
— de cuivre *id.* (*Kupfererze*).
Minerai de plomb à bocarder } (*Pochgänge*).
— de cuivre *id.* }
Stériles.

Les minerais à bocarder se composent surtout de quartz et de sinople avec mouches de galène ou de pyrite. Ce sont les principaux minerais aurifères. Leur traitement se fait d'après le même principe que celui des minerais d'argent, c'est-à-dire que l'on commence par les bocarder à mort, afin de dégager les paillettes d'or qu'ils contiennent ; ils sont ensuite amalgamés, puis traités sur les tables, ou bien traités directement sans amalgamation préalable. Le traitement sur les tables est le même dans les deux cas; on emploie généralement les tables à secousses ordinaires précédées de *spitzkasten* ou de *spitzlutte*. Dans quelques ateliers, on se sert des tables Rittinger, mais on a reconnu que leur emploi occasionnait des pertes d'or considérables lorsque l'amalgamation n'avait pas été faite antérieurement; aussi ne les applique-t-on qu'aux minerais préalablement amalgamés. Parfois aussi, on se sert de tables tournantes concaves (*Drehherde*) ; ces appareils donnent de bons résultats.

Le minerai fini aux tables est traité au *Goldlutte;* cet appareil consiste en une sorte de caisson allemand incliné de 30 à 40° sur l'horizon; le minerai à laver est disposé à la tête de l'appareil; on donne un faible courant d'eau qui s'étend en nappe; l'ouvrier, armé d'un petit balai, délaye les matières dans l'eau, puis, quand la lavée s'est répandue sur la longueur du caisson, il agite légèrement avec son balai et remet le minerai en suspension; les matières les plus légères sont entraînées; il répète l'opération plusieurs fois. On voit successivement les parties quartzeuses, puis pyriteuses, qui sont entraînées; on les fait couler dans des récipients différents, afin de les séparer. Il reste sur la table de la galène presque pure en petite quantité, dans laquelle se trouve concentré tout l'or contenu dans le minerai, s'il n'a pas été amalgamé, ou tous les globules de mercure ou d'amalgame entraînés, si l'amalgamation préalable a eu lieu. Cette galène est traitée sur la petite table à main dont nous avons parlé plus haut, pour en extraire cet or ou ces globules. Tout ce qui a été entraîné d'abord au goldlutte est envoyé à l'usine, ainsi que la galène rejetée dans le traitement sur la table à main.

Les amalgames obtenus, soit par l'amalgamation directe, soit par l'amalgamation de la poudre d'or séparée seulement à la fin du traitement, sont passés au nouet et envoyés tels quels à la Monnaie de Kremnitz. Le métal précieux qu'on en retire est toujours un alliage renfermant beaucoup d'argent; la proportion d'or est variable, suivant la provenance des minerais traités.

Production. — Les deux tableaux qui suivent donnent la quantité de minerais produits dans les mines royales et dans les mines particulières, ainsi que les quantités de métaux contenus dans ces minerais. Les chiffres se rapportent à l'année 1871.

Production des mines royales.

DÉSIGNATION des minerais.		POIDS en tonnes.	TENEURS INDIQUÉES PAR LES ESSAIS.			
			Or.	Argent.	Plomb.	Cuivre.
		tonnes.	kilog.	kilog.	tonnes.	tonnes.
Minerais de scheidage (Erze.)	d'argent.	1.357,7	39,642	4.073,169	»	»
	de plomb.	570,5	4,401	210,420	219,0	»
	de cuivre.	42,2	1,538	37,966	8,0	1,5
Minerais de bocards, total. (Pochgänge).		56.250,0 (*)	»	»	»	»
Minerais préparés, extraits des minerais de bocard (Schliche).	d'argent.	1.998,1	38,423	2.290,284	»	»
	de plomb.	1.161,0	16,468	485,467	503,2	»
	de cuivre.	587,5	2,395	87,823	28,5	8,6
Totaux.		»	102,867	7.215,129	758,7	10,1

(*) Chiffre approximatif.

La valeur des métaux extraits de ces minerais, déduction faite des frais de traitement à l'usine est, en papier, de 955.094 florins (soit 1.900.787 francs en or); les dépenses de toute nature dans les mines se sont élevées à peu près au double de cette somme.

Production des mines particulières.

DÉSIGNATION des minerais.	POIDS en tonnes.	OR.	ARGENT.	PLOMB.	CUIVRE.
	tonnes.	kilog.	kilog.	tonnes.	tonnes.
Minerais d'argent { de scheidage.	143,2	19,700	1.621,870	»	»
Minerais d'argent { de bocard. . .	16.249,3				
Minerais de plomb { de scheidage.	55,2	32,562	469,137	144,7	7,5
Minerais de plomb { de bocard. . .	5.544,8				
Minerais de cuivre. . . .	4,9				
Totaux.	»	52,262	2.091,307	144,7	7,5

La production de Moderstollen, qui a été à peu près de 5 kilogrammes d'or et 200 kilogrammes d'argent, n'est pas comprise dans ces chiffres.

La production totale du district de Schemnitz en 1871 a donc été la suivante :

	kilog.
Or.	165,0
Argent.	9.506,4
	tonnes.
Plomb.	903,4
Cuivre.	17,6

Traitement métallurgique.

Les minerais extraits des mines royales du district de Schemnitz sont traités dans les usines royales de Schemnitz, Zsarnovicz et Neusohl; les produits des mines particulières sont fondus à l'usine de Dillen.

Nous ne ferons ici qu'indiquer le principe du traitement appliqué dans les usines de Schemnitz.

Au point de vue de leur composition, les minerais traités se divisent en quatre catégories, savoir :

Minerais d'argent proprement dits.
Minerais plombeux argentifères.
Minerais cuivreux argentifères.
Minerais pyriteux argentifères.

Au point de vue de leur richesse en argent, les minerais d'argent proprement dits se divisent eux-mêmes en trois catégories, savoir :

Minerais d'argent pauvres (60 à 140 gr. d'argent aux 100 kilog. de minerai).
Minerais d'argent riches (400 gr. d'argent aux 100 kilog. de minerai).
Minerais très-riches (1 p. 100 et plus d'argent).

Ces derniers sont toujours en très-faible proportion.

La proportion de minerais plombeux est suffisante pour que l'on puisse extraire l'argent de la totalité des minerais par la méthode de la fonte plombeuse.

Les opérations principales du traitement sont les suivantes :

I. *Fonte pour mattes argentifères* des minerais d'argent pauvres et des minerais pyriteux ; on ajoute de la pyrite pauvre pour donner du soufre, et de la pyrite grillée pour donner de l'oxyde de fer comme fondant au lit de fusion.

II. *Grillage des mattes argentifères.*

III. *Grillage des minerais plombeux et pyriteux.*

IV. *Fonte pour plomb d'œuvre et mattes plombo-cuivreuses* des minerais d'argent riches, des minerais plombeux et pyriteux grillés, et des mattes argentifères grillées ; on ajoute de la pyrite grillée pour donner au lit de fusion de l'oxyde de fer comme fondant.

V. *Grillage des mattes plombo-cuivreuses.*

VI. *Fonte pour plomb d'œuvre et mattes cuivreuses* des mattes plombo-cuivreuses grillées, mélangées de minerais d'argent pauvres.

VII. *Coupellation* et *révivification des litharges.*

Les mattes cuivreuses sont traitées pour cuivre dans une autre usine.

Les tableaux suivants indiquent, pour chaque opération, les quantités de matières traitées et de produits obtenus pendant l'exercice 1870, ainsi que les teneurs en métaux de ces matières et de ces produits.

I. *Fonte pour mattes argentifères.*

NATURE DES MATIÈRES TRAITÉES et des produits obtenus			POIDS (*)	TENEUR en argent		TENEUR en or		TENEUR en plomb		TENEUR en cuivre		TENEUR en pyrite.	
				totale(**)	pour 100 kil.	totale.	pour 100 kil.	totale.	p. 100.	totale.	p. 100.	totale.	p. 100.
			tonnes.	kilogr.	gr.	kilogr.	gr.	tonnes		tonnes.		tonnes.	
Matières traitées	Minerais.	Minerai d'argent pauvre.	46,480	27,943	60,0	0,158	0,34	»	»	»	»	»	»
		Minerai pyriteux cru.	82,990	63,010	76,0	2,216	2,79	»	»	»	»	22,165	26,70
		Minerai pyriteux grillé.	65,998	7,233	11,0	0,542	0,82	2,624	3,97	1,066	1,60	»	»
		Pyrite de fer pauvre.	61,350	18,733	30,0	1,039	1,69	»	»	»	»	31,743	52,03
		Idem.	32,596	0,258	0,9	0,001	0,003	»	»	»	»	17,602	55,00
	Produits d'usine.	Scories de la fonte plombeuse IV.	91,324	2,373	2,6	0,009	0,01	»	»	»	»	»	»
		Scories cuivreuses de la fonte VI.	172,244	1,480	0,86	0,0015	0,0009	»	»	0,237	»	»	»
Totaux.			»	121,060	»	3,9665	»	2,624	»	1,303	»	71,510	»
Produits obtenus.		Mattes argentifères.	72,506	109,408	151,0	3,383	4,66	0,725	1,00	1,270	1,70	»	»
Pertes.			»	11,652	»	0,5835	»	1,399	»	»	»	»	»
Gains.			»	»	»	»	»	»	»	0,033	»	»	»

(*) Pour les minerais grillés, les nombres inscrits dans cette colonne indiquent les poids avant grillage. Il en sera de même pour les tableaux suivants.

(**) Les teneurs indiquées sont celles qui résultent des essais faits sur les matières traitées et sur les produits obtenus.

Il résulte de ces chiffres que les pertes en métaux précieux indiquées par les essais sont les suivantes :

En argent. 10,6 p. 100 du métal.
En or. . . 14,6 *id.*

Le lit de fusion est ainsi composé :

Minerai.	100	parties en poids.
Calcaire.	15,15	*id.*
Scories de la fonte plombeuse IV.	31,65	*id.*
Scories de la fonte VI.	59,66	*id.*

Par tonne de minerai traité, on consomme 6^{mc},166 de charbon de chêne.

Les scories que l'on produit sont des sesquisilicates.

La fusion se fait dans des fours à cuve trapézoïdaux à deux tuyères et à gueulard ouvert.

II. *Grillage des mattes argentifères.*

Ce grillage se fait en tas, à l'air libre ; d'ordinaire il est à cinq feux.

III. *Grillage des minerais plombeux et cuivreux.*

Ce grillage se fait au four à réverbère. Il est poussé aussi loin que possible. La pyrite grillée qui entre dans le lit de fusion des fontes I et IV est également grillée au réverbère. On pourrait remplacer cette pyrite grillée par du minerai de fer ; le seul gîte de fer qui existe à proximité se trouve à Eisenbach, mais il n'est pas exploité (*).

(*) Ce gîte, qui, paraît-il, aurait de l'importance, avait été mis en exploitation à la fin du siècle dernier ; le minerai extrait était passé dans un haut-fourneau alimenté au charbon de bois ; mais l'exploitation dut être arrêtée par ordre du gouvernement qui voulut réserver tous les bois de la contrée pour l'exploitation des mines d'argent.

IV. *Fonte pour plomb d'œuvre et mattes plombo-cuivreuses.*

NATURE DES MATIÈRES TRAITÉES et des produits obtenus.		POIDS.	TENEUR EN ARGENT		TENEUR EN OR		TENEUR EN PLOMB		TENEUR EN CUIVRE	
			totale.	pour 100 kilog.	totale.	pour 100 kilog.	totale.	p. 100.	totale.	p. 100.
		tonnes.	kilog.	grammes.	kilog.	grammes.	tonnes.		tonnes.	
Matières traitées. Minerais.	Galène grillée	226,068	91,263	40	3,046	1,34	110,616	48,94	»	»
	Schlich plombeux grillé	223,905	78,314	35	4,342	1,93	94,392	42,10	»	»
	Minerai cuivreux grillé	38,333	17,253	45	0,587	1,53	7,019	18,55	1,501	3,91
	Schlich cuivreux grillé	167,470	21,293	12	1,394	0,83	8,254	4,94	2,613	1,56
	Pyrite grillée	325,097	301,537	92	4,488	1,38	0	0	»	»
	Minerai plombeux oxydé cru	13,844	6,755	49	0,437	3,16	5,550	40,21	»	»
	Minerai d'argent riche	540,910	2.173,553	401	23,981	4,43	0	0	»	»
Matières traitées. Produits d'usine.	Fonds de creusets en fonte (*)	10,870	61,242	567	0	0	0	0	»	»
	Mattes argentifères grillées	163,560	203,534	124	8,237	5,03	0,725	0,44	1,268	0,77
	Produits de coupellation (**)	636,353	128,214	20	1,252	0,19	524,912	82,55	»	»
	Débris de fours de l'année précédente	18,740	22,223	119	0,376	2,01	6,662	35,61	0,021	0,11
	Scories de la fonte IV	1.005,855	26,150	2,6	0,100	0,01	»	»	»	»
	Totaux	»	3.131,336	»	48,240	»	758,160	»	5,403	»
Produits obtenus	Plomb d'œuvre	688,715	3.008,164	436	46,788	6,79	685,443	99,52	0,217	0,03
	Mattes plombo-cuivreuses	124,031	155,799	157	0,015	0,037	13,216	10,65	9,605	7,74
	Débris de fours	28,762	22,664	78	0,339	1,18	7,591	26,45	0,095	0,32
	Totaux	»	3.226,627	»	47,172	»	706,250	»	9,917	»
	Pertes	»	»	»	1,068	»	51,910	»	»	»
	Gains	»	95,291	»	»	»	»	»	4,514	»

(*) Ces creusets sont ceux qui servent à la fusion et à l'affinage de l'argent aurifère. On voit qu'ils s'imprégnent assez fortement d'argent, tandis que l'or ne les pénètre absolument pas.

(**) Ces produits sont composés d'abstrichs, de fonds de coupelles, de litharges sales, etc.

Il résulte de ces chiffres que l'on fait, d'après les teneurs indiquées par les essais, les pertes suivantes :

En or. . . 2,03 p. 100 du métal.
En plomb. 7,21 *id.*

tandis qu'on gagne :

En argent. 3,04 p. 100 du métal.
En cuivre. 83,48 *id.*

On s'explique facilement ce gain considérable en cuivre, si l'on songe que les essais sont toujours imparfaits, et surtout que beaucoup de matières introduites dans le lit de fusion, telles que minerais plombeux, pyrites, etc., tiennent de petites quantités de cuivre dont il n'est pas tenu compte dans le tableau qui précède.

Les différents métaux se répartissent dans les produits de la façon suivante :

	Dans le plomb d'œuvre.	Dans les mattes.	Dans les débris.
Or.	97,17	0,09	0,71
Argent. . . .	96,88	4,69	0,73
Plomb.. . . .	90,06	1,74	0,99
Cuivre. . . .	4,02	177,69	1,77

On voit que la proportion d'or qui passe dans les mattes est beaucoup plus faible que celle de l'argent.

Le rapport de la quantité de plomb à celle des métaux précieux existant dans les produits est égal à 241.

On brûle 4^{mc},592 de charbon de chêne par tonne de minerai traité.

On use 14^{k},10 d'outils en fer par tonne de minerai traité.

Les scories produites sont des protosilicates, et tiennent encore 26 grammes d'argent et 0^{g},10 d'or à la tonne.

Les fours de fusion sont à section trapézoïdale, à deux tuyères et à gueulard clair comme ceux de la fonte pour mattes argentifères.

V. *Grillage des mattes plombo-cuivreuses.*

Ce grillage s'effectue à l'air libre, en tas ; on le fait d'ordinaire à trois feux.

VI. *Fonte pour plomb d'œuvre et mattes cuivreuses.*

	NATURE des matières traitées et des produits obtenus.	POIDS.	TENEUR en argent		TENEUR en or		TENEUR en plomb		TENEUR en cuivre	
			totale.	pour 100 kil.	totale.	pour 100 kil.	totale.	p. 100.	totale.	p. 100.
Matières traitées.	Mattes plombo-cuivreuses grillées. . . .	tonnes. 118,068	kilog. 149,373	gr. 127	kilog. 0,051	gr. 0,04	tonnes. 13,075	11,08	tonnes. 10,664	9,03
	Minerai d'argent pauvre.	47,177	64,186	138	0,729	1,54	0	0	0	0
	Minerai plombeux oxydé cru.	2,446	0,259	11	0,020	0,83	1,243	51,79	0	0
	Produits de coupellation et de liquation. .	86,680	37,145	43	1,335	1,54	74,193	86,27	2,506	2,90
	Débris de fours de l'année précédente.	44,884	24,498	54	0,490	1,09	7,636	17,34	0,980	2,22
	Scories de la fonte pour plomb d'œuvre IV. . .	119,766	3,112	2,6	0,011	0,01	»	»	»	»
	Totaux.	»	278,573	»	2,636	»	96,147	»	14,150	»
Produits obtenus.	Plomb d'œuvre. . . .	81,227	219,925	270	3,232	3,98	79,360	97,97	0,892	1,10
	Mattes cuivreuses. . .	58,415	59,667	102	0,023	0,04	8,262	14,24	13,281	22,89
	Débris de fours. . . .	17,087	9,210	54	0,082	0,48	5,185	30,47	0,370	2,17
	Totaux.	»	288,802	»	3,337	»	92,807	»	14,546	»
	Pertes.	»	»	»	»	»	3,340	»	»	»
	Gains.	»	10,229	»	0,299	»	»	»	0,396	»

Il résulte de ces chiffres qu'on fait, d'après les teneurs données aux essais, les gains suivants :

En argent. 4,8 p. 100 du métal.
En or. . . 27,1 *id.*
En cuivre. 2,8 *id.*

Au contraire, on perd :

En plomb. 3,4 p. 100 du métal.

Le rapport des quantités de plomb et de métaux précieux existant dans les produits est 507 : 1.

Les scories de cette fonte sont des protosilicates ; elles tiennent encore $8^g,6$ d'argent, $0^g,009$ d'or et $2^k,6$ de cuivre à la tonne.

Les fours employés sont les mêmes que pour les fonte précédentes.

Les mattes cuivreuses sont envoyées à l'usine de Tajova pour y être désargentées et traitées pour cuivre.

VII. *Coupellation et révivification des litharges.*

MATIÈRES TRAITÉES et produits obtenus.		POIDS.	TENEUR en argent		TENEUR en or		TENEUR en plomb	
			totale.	pour 100 kil.	totale.	pour 100 kil.	totale.	p. 100.
		tonnes.	kilog.	gr.	kilog.	gr.	tonnes.	
Matières traitées.	Plomb d'œuvre (*)	757,233	3.229,503	426	49,622	6,55	753.945	»
	Minerai d'argent très-riche	0,06975	2,8[illegible]9	4100	0,092	139	0	0
	Totaux	»	3.2[illegible]2,3[illegible]	»	49.71[illegible]	»	753,945	»
Produits obtenus.	Litharges pauvres	574,900	30,01[illegible]	5	0,09[illegible]	0,016	502,591	87,46
	Id. riches	19,156	10,[illegible]82	56	0,031	0,21	16,768	»
	Fonds de coupelles pauvres	93,453	61,213	65	0,669	0,71	51,935	55,84
	Id. id. riches	10,975	29,625	271	0,316	2,90	5,186	47,10
	Litharges vertes	39,600	0	0	0	0	36,432	»
	Id. rouges	31,106	0	0	0	0	28,616	»
	Plomb pauvre	49,154	1,129	2,3	0,009	0.018	49,153	»
	Scories de la révivification des litharges	6,311	0,319	5	0.010	0,15	5,010	83,50
	Abstrichs (**)	4,3[illegible]6	9,408	213	0,331	7.48	3,218	80,25
	Fumées	0,188	0,025	14	0	0	0,117	61,50
	Argent	»	3.129,965	»	»	»	»	»
	Or	»	»	»	49,373	»	»	»
	Totaux	»	3.272,515	»	50,834	»	699,427	»
	Pertes	»	»	»	»	»	54,518	»
	Gains	»	40,183	»	1,116	»	»	»

(*) Avant de passer à la coupelle, le plomb d'œuvre est liquaté dans un petit four à réverbère.

(**) La petite quantité de cuivre contenue dans le plomb d'œuvre passe dans les abstrichs.

D'après les chiffres qui précèdent, on fait sur les teneurs indiquées par les essais les gains suivants :

En argent. 1,24 p. 100 du métal.
En or. . . 2,25 *id.*

Au contraire, on perd :

En plomb. 7,25 p. 100 du métal.

La coupellation s'effectue dans une grande coupelle allemande à voûte mobile. La révivification des litharges a lieu au fur et à mesure de leur production dans un petit four à manche situé au-dessous de la voie de la litharge.

On traite environ 12 tonnes par opération ; chaque opération dure en moyenne 72 heures.

On brûle 1 stère 1/2 de bois par tonne coupellée.

Pour faire la coupelle, on emploie 124 kilogrammes de calcaire et 57 kilogrammes d'argile pour chaque tonne à coupeller.

Tous les matériaux de démolition des usines autres que les débris de fours, tels que moellons, mortiers, sol, tuiles, etc., sont envoyés aux bocards pour être broyés et traités sur les tables. On en extrait des schlichs argentifères qu'on fond ensuite avec les minerais. Le tableau suivant donne les résultats de cette opération pour les années 1870 et 1871.

Années.	POIDS bocardé. — Tonnes.	POIDS du schlich obtenu. — Tonnes.	TENEUR en argent		TENEUR en or		TENEUR en plomb		TENEUR en cuivre	
			totale.	pour 100 kil.	totale.	pour 100 kil.	totale.	p. 100.	totale.	p. 100.
			kilog.	gr.	kilog.	gr.	tonnes.		tonnes.	
1870	112,387	6,044	5,579	93	0,262	4,36	1,638	27,13	0,199	3,31
1871	598,500	44,788	57,525	128	2,045	4,56	13,071	30,40	1,735	3,84

Comme on le voit par ces chiffres, la quantité d'or et d'argent qui pénètre les matériaux de construction des usines est très-appréciable, et le traitement de ces matériaux après démolition donne des produits de grande valeur.

LÉGENDE EXPLICATIVE DES PLANCHES.

Planche VI.

Carte géologique du district de Schemnitz, à l'échelle de $\frac{1}{50000}$, d'après la carte de M. V. Lipold.

Les filons et veines métallifères sont indiqués par leurs traces sur un plan horizontal situé au niveau de la Kaiser Franz Erbstollen, pour ceux de Schemnitz et d'Hodritsch, et au niveau de la Dillner Erbstollen pour ceux de Dillen.

1. Johann-Nepomuk Kluft.
2. Sophia Kluft.
3. Rechtsinnische Kluft.
4. Goldfahrtner Hangendkluft.
5. Golderzige Kluft.
6. Johann Kluft.
7. Weisse Kluft.
8. Morgen Kluft et Flache Kluft.
9. Hangendkluft du Johann Gang.
10. Gräfische Kluft.
11. Markasit Kluft.
12. Zwölfer Kluft.
13. Hornsteinsinkner Kluft.
14. Mathias Kluft.
15. Saigere Kluft.
16. Wasserbrucher Kluft.
17. Flache Kluft.
18. Johann-Nepomuk Kluft.
19. Straka Kluft.
20. Roschka Kluft.
21. Franz Kluft.
22. Vorsinkner Kluft.
23. Bibergangs Hangendkluft.
24. Flache Danieli Kluft.
25. Saigere Danieli Kluft.
26. Josephi Kluft.
27. Kukaida Klüft.
28. Wetternicker Kluft.
29. Morgen Kluft.
30. Pauli Kluft.
31. Blei Kluft.
32. Max Kluft.
33. Himberger Gang.
34. Johann Kluft.
35. Baccali Kluft.
36. Philip Jacob Kluft.
37. Ferdinand Kluft.
38. Caroli Kluft.
39. Martini Klüft.
40. Maria-Empfängniss Gang.
41. Quarz Lager.
42. Rabensteiner Kluft.
43. Morgen Gang.
44. Georg Kluft.
45. Neu Hoffnungs Gang.
46. Heiliger Geist Kluft.
47. Pauli Kluft.

Les filons de grünstein ont été tracés sur la carte avec une puissance supérieure à celle qu'ils ont réellement, afin qu'on pût les distinguer.

I. Carl Schacht.
II. Max Schacht.
III. Andreas Schacht.
IV. Elisabeth Schacht.
V. Bouche de la Dreifaltigkeit Erbstollen.
VI. Amalia Schacht.
VII. Zipser Schacht.
VIII. Bouche la Kaiser Franz Erbstollen.
IX. Bouche de la Kreuz-Erfindungs Erbstollen.
X. Franz Schacht.
XI. Michael Schacht.

Planche VII.

Coupe verticale des principaux puits du district de Schemnitz, avec l'indication des différents étages et galeries d'exploitation. Les cotes inscrites sur cette planche indiquent la hauteur au-dessus du plan horizontal passant par la bouche de la Kaiser Josephi II Erbstollen, laquelle est à l'altitude de 221 mètres.

Planche VIII.

Fig. 1. Coupe géologique des environs de Schemnitz, suivant la ligne MN de la Pl. VI.

Fig. 2. Spitaler Gang; coupe transversale de la veine du mur; Pacherstollen, au-dessous du 22e étage (Elisabeth Schacht).

Fig. 3. Spitaler Gang; coupe transversale de la veine du toit; Pacherstollen, au-dessus de l'Anton Lauf.

Fig. 4. Spitaler Gang; coupe transversale du filon; Pacherstollen, 21e étage.

Fig. 5. Spitaler Gang; coupe transversale de la veine du mur; Pacherstollen, au-dessous de la Kaiser Franz Erbstollen.

Fig. 6. Plan des fentes comprises entre le Spitaler Gang, le Biber Gang et le Wolf Gang.

Fig. 7. Coupe transversale d'un chantier de l'Allerheiligen Gang.

Fig. 8. Coupe longitudinale du chantier représenté *fig.* 7.

Fig. 9. Coupe transversale d'un chantier de l'Allerheiligen Gang.

Fig. 10. Coupe longitudinale du chantier représenté *fig.* 9.

Fig. 11. Coupe transversale d'un chantier de l'Allerheiligen Gang.

Fig. 12. Coupe transversale d'un chantier de l'Allerheiligen Gang.

Fig. 13. Coupe longitudinale des chantiers représentés *fig.* 11 et 12.

Fig. 14. Coupe transversale d'un chantier de l'Allerheiligen Gang

Fig. 15. Coupe transversale d'un chantier de l'Allerheiligen Gang.

Fig. 16. Coupe longitudinale du chantier représenté *fig.* 14.

Fig. 17. Fleuret employé dans les anciens travaux de l'Allerheiligen Gang.

Fig. 18. Chantier d'abatage dans l'Allerheiligen Gang.

Fig. 19. Sellettes (*Knechte*) employées à Schemnitz pour descendre et remonter par les puits.

NOTICE

SUR

L'ÉCOLE DES MINES DE SCHEMNITZ

(HONGRIE)

L'École des mines de Schemnitz est la plus ancienne de l'empire austro-hongrois; sa fondation remonte à l'année 1763, sous le règne de Marie-Thérèse. Auparavant, au commencement du XVIIIe siècle par exemple, les jeunes gens qui se destinaient au service des mines devaient apprendre leur métier auprès des agents de ce service, lesquels faisaient grand mystère des connaissances qu'ils avaient acquises. Il y avait dans chaque district minier un certain nombre d'*exspectants* qui, après quelques années d'études pratiques, étaient nommés *pratiquants* (*Praklicant*). Il s'était formé ainsi des espèces d'écoles professionnelles dans différentes villes de l'empire. En 1747, on songea à les organiser plus régulièrement, et l'on fonda en Hongrie trois écoles de mines : dans la basse Hongrie, à Schmöllnitz et dans le banat de Temesvar.

La première idée de la création d'une école supérieure remonte à l'année 1761; on installa à l'Université de Prague une chaire où l'on devait professer les sciences qui se rattachent à l'art des mines. Deux ans plus tard, on fondait à Schemnitz une École supérieure des mines, et, le 1er septembre 1763, Nicolas Jacquin, universellement connu par ses travaux de botanique, y était nommé professeur de chimie; il passa la première année à parcourir le district pour visiter les mines et les usines, et ouvrit son cours en 1764. En 1765, on créa une seconde chaire pour l'enseignement des mathématiques et de la mécanique.

Le succès de ces deux cours, le nombre rapidement croissant des élèves, décidèrent l'impératrice Marie-Thérèse à compléter son œuvre; un décret du 14 avril 1770 éleva l'École de Schemnitz au rang de *Berg-Akademie*, créa un nouveau cours et porta à trois ans la durée des études. La première année comprenait l'arithmétique, l'algèbre, l'analyse, la géométrie, la trigonométrie, la mécanique, l'hydrostatique, l'hydraulique et la physique, avec application de ces sciences à l'art des mines. La seconde année était consacrée à la chimie générale, à la chimie minéralogique et métallurgique, à l'art des essais et à la métallurgie. Enfin, dans la troisième année, on étudiait l'exploitation des mines, la préparation mécanique, la législation des mines et l'économie forestière; les élèves suivaient en outre des exercices de dessin et de levé de plans de mines. A la fin de chaque semestre ils subissaient des examens publics, et à leur sortie de l'École ils devaient faire un voyage d'instruction dans les districts miniers de l'empire. Tous les jeunes gens qui avaient fait leurs humanités pouvaient se présenter à l'Académie des mines de Schemnitz; le règlement prescrivait en outre d'y accueillir les fils des agents des mines ou des propriétaires et exploitants de mines.

Il y avait en 1795 quatre catégories d'élèves : les *auditeurs* (*Privat-Zuhörer*) qui suivaient les cours pour leur instruction particulière, comme propriétaires ou exploitants de mines; les *pratiquants payés*, qui appartenaient, dès leur séjour à l'École, à l'administration des mines; les *pratiquants non payés* qui se destinaient au service de l'État, et enfin les *élèves libres* qui ne désiraient pas entrer dans l'administration, et dont le nombre était illimité, les cours ayant été rendus publics en 1795 par un décret de l'empereur François Ier.

En 1794, on avait créé un cours de comptabilité, destiné spécialement à former des employés pour la tenue des livres de l'administration des mines et des monnaies; il y avait dix places de pratiquants payés pour les jeunes gens qui se consacraient à cette partie du service. En 1807, on adjoignit à l'Académie une école forestière; les cours duraient deux ans; les élèves des mines devaient en suivre une partie; quant aux élèves forestiers, ils étaient tenus de suivre d'abord la première année de cours de l'Académie des mines, pour y recevoir l'instruction générale qui leur était nécessaire. Mais l'organisation même de cette première année de cours présentait des défauts sérieux; les mathématiques, la mécanique, la physique, y étaient traitées dès le début au point de vue surtout de leurs applications à l'art des mines, et il arrivait souvent que des élèves, faute des connaissances élémentaires suffisantes, se trouvaient hors d'état de suivre ces cours.

Pour remédier à cet inconvénient, l'empereur François Ier fonda, par décret du 15 septembre 1809, un cours prépartoire, comprenant la physique générale, l'algèbre, la géométrie, la trigonométrie et des éléments de logique. Ce cours, qui devait précéder les cours réguliers de l'Académie, se fondit en pratique avec ceux de la première année, de sorte que la durée des études n'en fut pas augmentée. Les élèves qui pouvaient, à leur entrée, justifier des connaissances suffisantes, étaient dispensés de ces leçons préparatoires et admis à suivre immédiatement les cours spéciaux. Ceux-ci s'étaient complétés peu à peu; on y avait ajouté la minéralogie, la géologie, et développé les exercices pratiques de dessin, de levé de plans et de chimie. Après leur troisième année, les élèves passaient six mois à Windschacht pour y étudier la pratique de l'exploitation des mines et de la préparation mécanique des minerais. Ce n'est qu'après avoir ainsi parachevé leur instruction qu'ils pouvaient être envoyés à l'étranger pour y visiter les mines et les usines, et ils devaient au retour remettre des rapports sur ce qu'ils avaient vu dans leur voyage.

A mesure que les sciences se développaient, de nouvelles leçons s'ajoutaient au programme des cours, les unes facultatives, les autres obligatoires; c'est ainsi qu'en 1820 on ouvrit un cours libre de hautes mathématiques. En 1834, on introduisit dans les études l'art de la construction; enfin, en 1840, on fonda une chaire spéciale de minéralogie, géologie et paléontologie. On faisait en même temps quelques modifications d'une autre nature : les élèves payés par l'administration des mines furent, à partir de 1837, tenus de suivre les cours de l'École forestière et de subir des examens sur ces cours. En 1838, l'École forestière fut élevée elle-même au rang d'Académie, et les études pratiques qui, pour les forestiers, devaient précéder l'entrée à l'École, furent rejetées, comme pour les mines, après la sortie. L'Académie de Schemnitz prit alors le titre de *Berg- und Forst-Akademie* qu'elle porte encore aujourd'hui.

Ces changements successifs finirent par rendre nécessaire une réorganisation générale. Le projet présenté reçut l'approbation impériale le 6 octobre 1846 : le nombre des chaires fut fixé à six, et à chaque professeur on donna un adjoint. On fit en outre quelques modifications dans les cours : le professeur de mathématiques fut chargé de leçons sur les hautes mathématiques, celui de chimie de leçons sur le raffinage du sel et la fabrication des monnaies, et celui de géométrie descriptive et de dessin, d'un cours de construction. La durée des études fut portée à quatre ans pour les élèves des mines et à trois pour les forestiers; ils avaient à suivre ensemble les cours de mathématiques, mécanique, physique et chimie; ils étaient séparés pour les cours spéciaux, lesquels comprenaient, pour les mines : la minéralogie, la géologie, la paléontologie, l'exploitation des mines, la topographie souterraine, l'étude des machines de mines, la métallurgie et l'art des essais; et pour les forêts : l'étude des sols, la botanique, la zoologie, la sylviculture, le cubage des bois et l'administration des forêts. Ces différents cours furent répartis de la façon suivante entre les différentes années d'études :

Première année. Algèbre et géométrie pendant le 1er semestre.

Physique, mécanique et géométrie descriptive pendant le second semestre.

Deuxième année. Chimie générale pendant le premier semestre. Pendant le second : minéralogie pour les élèves des mines; histoire naturelle, étude des sols, etc., pour les forestiers; et cours de construction pour tous.

Troisième année. Premier semestre : Géologie et paléontologie pour les élèves des mines. Sylviculture, botanique et zoologie forestières, emploi des produits forestiers, pour les élèves forestiers.

Deuxième semestre : Exploitation des mines, législation des mines, pour les premiers. Cubage des bois, administration des forêts, pour les seconds.

Quatrième année (suivie seulement par les élèves des mines). Cours de machines, levé de plans souterrains, cours de style administratif et de tenue des bureaux, pendant le premier semestre.

Art des essais, métallurgie, comptabilité, pendant le second semestre.

Il y avait en outre pendant chaque année d'études des exercices pratiques : dessin, levé de plans, levé de machines, courses géologiques, visites de mines et d'usines, excursions forestières et exercices en forêt. A la fin de chaque semestre les élèves subissaient des examens sur les matières qu'ils venaient d'étudier, et chacune de ces matières donnait lieu à un classement particulier.

On commença en 1848 l'application de ce programme; l'Académie de Schemnitz était à ce moment aussi prospère et aussi fréquentée que possible; il y avait environ trois cents élèves, tant pour les mines que pour les forêts. Mais les troubles politiques qui marquèrent en Hongrie l'année 1848 eurent sur les destinées de l'Académie la plus fâcheuse influence : un grand nombre d'élèves quittèrent et les cours furent suspendus par ordre supérieur le 16 mars 1849. On fonda en même temps, pour satisfaire aux besoins de l'administration, deux Écoles des mines, l'une à Przibram, l'autre à Leoben. L'Académie de Schemnitz fut rouverte cependant en 1850, mais elle ne s'est jamais retrouvée depuis cette époque dans une situation aussi florissante que celle où elle était à la fin de 1847.

Le programme que nous venons d'indiquer fut appliqué pendant plusieurs années sans modifications sensibles; on ajouta seulement au cours de mathématiques des leçons sur la résistance des matériaux, au cours de chimie des leçons de docimasie, et au cours de minéralogie des leçons de cristallographie et des données générales sur la constitution géologique de l'empire.

Mais, en 1856, M. J. v. Russegger, directeur de l'Académie, jeta les bases d'une organisation nouvelle; il proposait de remanier les différents cours, de développer quelques-uns d'entre eux, mais le changement principal eût été la division des cours spéciaux en deux groupes séparés, l'un consacré à l'art des mines, l'autre à la métallurgie et aux usines; les élèves auraient suivi à volonté l'un ou l'autre de ces deux cours, et ceux qui, ambitionnant les emplois supérieurs de l'administration, auraient voulu étudier également l'art des mines et la métallurgie, auraient dû passer à l'Académie une cinquième année pour suivre le second groupe de cours.

M. P. v. Rittinger fut chargé d'examiner ce plan et de présenter un programme complet, qu'il vint étudier à Schemnitz, après avoir visité les Écoles de Przibram et de Leoben, et qui fut établi après avoir été soumis aux professeurs réunis en conseil et discuté article par article. Le point principal de ce nouveau programme était l'établissement d'une grande École des mines, qui devait remplacer les trois Écoles alors existantes et former à elle seule les agents et ingénieurs pour les mines et les usines de tout l'empire; cette École aurait été placée soit à Vienne, soit au centre d'un des grands districts miniers, à Schemnitz, Przibram ou Leoben. La commission se prononçait pour la seconde de ces deux solutions, considérant qu'il était nécessaire que les élèves pussent étudier sur place et pour ainsi dire au jour le jour la pratique de l'art des mines, et elle proposait Schemnitz ou Przibram pour le siége de la future Académie. Mais ce projet ne fut pas approuvé.

En 1860, on ajouta au programme de la seconde année d'études un cours de construction de machines et l'on divisa le cours de métallurgie en deux parties : métallurgie générale et métallurgie spéciale (fabrication des différents métaux); on lui consacra en outre plus de temps qu'on ne l'avait fait jusqu'alors. On fut conduit, par suite de ces modifications, à augmenter le nombre des professeurs, et une décision du 5 juillet 1866 fixa un nouveau plan d'études que l'on suit encore aujourd'hui et sur lequel nous allons donner quelques détails. Il fut établi d'après un programme général, élaboré en 1860 et revu en 1865, qui s'appliquait aux différentes Écoles des mines de l'empire. Ce progamme ne réalise pas complétement les idées présentées en 1856 par M. J. v. Russegger, et plusieurs membres du corps enseignant trouvent que les études ne sont pas encore assez spécialisées, qu'un même professeur ne devrait avoir à traiter qu'une seule matière, les différentes branches des sciences étant trop développées aujourd'hui pour qu'un même individu puisse en posséder parfaitement plusieurs, enfin qu'on devrait donner plus d'importance aux études pratiques et les diviser en quatre groupes distincts, de façon à former des ingénieurs pour telle ou telle spécialité : exploitation des mines, métallurgie du fer, métallurgie des métaux autres que le fer, constructions et machines.

Les professeurs de l'Académie des mines sont au nombre de six; ils ont le titre de *Bergrath*. Trois sont chargés des cours préparatoires : l'un pour les mathématiques, la mécanique et l'étude générale des machines; un autre pour la physique et la chimie, et le troisième pour la minéralogie, la géologie et la paléontologie; l'adjoint du premier est chargé des leçons de dessin et de géométrie descriptive; l'adjoint du second, du cours de physique. Des trois autres professeurs, l'un fait le cours d'exploitation des mines et de topographie souterraine, le second le cours de métallurgie et d'art des essais, et le dernier le cours de construction et le cours spécial de machines pour les mines et les usines. A chaque cours est attaché un professeur adjoint (*).

Les cours s'ouvrent chaque année au mois d'octobre et finissent au mois de juillet de l'année suivante. La durée totale des études est de quatre ans : deux ans pour les cours préparatoires et deux ans pour les cours spéciaux. Les élèves qui possèdent les connaissances nécessaires et suffisantes peuvent être dispensés de suivre, en tout ou en partie, les cours préparatoires.

Ces cours sont répartis sur les deux premières années comme l'indique le tableau ci-dessous :

PREMIÈRE ANNÉE.

PREMIER SEMESTRE.

	Nombre d'heures de cours (par semaine).	d'exercices (par semaine).
Mathématiques élémentaires et supérieures. (Arithmétique. Algèbre. Géométrie. Trigonométrie, etc. Principes de calcul différentiel et intégral.)	10	4
Géométrie descriptive et exercices de dessin géométrique.	5	6
Physique. (Lumière, chaleur, électricité, magnétisme.)	2	»
	17	10

(*) En 1871, le personnel de l'Académie des mines était composé comme suit :

— Directeur. . . . . M. *D. v. Mednyansky.*
— Professeur de mathématiques et de mécanique. . . . . M. *S. Farbaky.*
Professeur adjoint, chargé du cours de géométrie descriptive et de dessin. M. *K. Herrmann.*
— Professeur de physique et de chimie. . . . . M. *R. Richter.*
Professeur adjoint, chargé du cours de physique. . . M. *A. v. Mikó.*
— Professeur de minéralogie, géologie et paléontologie. M. *J. v. Pettko.*
— Professeur d'exploitation des mines et de topographie souterraine. . . . . M. *G. Faller.*
— Professeur de métallurgie et d'art des essais. . . . . . M. *A. Kerpely.*
— Professeur de construction et de machines. . . . . . . M. *E. Pöschl.*

SECOND SEMESTRE.

	Nombre d'heures de cours	d'exercice (par semaine).
Mécanique. (Mesure des forces et de leurs effets; dynamique et statique des solides et des fluides. Flexion et résistance; application aux constructions.)	10	4
Chimie générale. (Métalloïdes.)	5	»
Physique. (Lumière, chaleur, électricité, magnétisme.)	3	2
Dessin de constructions	»	4
	18	10

DEUXIÈME ANNÉE.

PREMIER SEMESTRE.

Cours de machines. Principes; éléments des machines; moteurs (moteurs animés, moteurs hydrauliques, moteurs à vapeur, moteurs à vent.)	5	»
Exercices de dessin. Croquis d'éléments de machines et de moteurs, et projets	»	6
Chimie. (Métaux. Éléments de chimie organique. Analyse qualitative des substances métalliques par voie sèche et par voie humide.) Cinq leçons d'une heure et demie par semaine	7 1/2	»
Minéralogie. Exercices pratiques de détermination des minéraux	4	2
Géométrie appliquée. (Principes de l'optique et application aux instruments d'optique. Arpentage, emploi de la chaîne, de l'équerre d'arpenteur, de la planchette, de la boussole, du théodolite. Nivellement. Mesure des hauteurs au moyen du baromètre. Exercices de dessin topographique.)	2	2
	18 1/2	10

SECOND SEMESTRE.

Cours de machines. (Suite.)	5	»
Exercices de dessin de machines. (Suite)	»	6
Géologie et paléontologie. Cinq leçons d'une heure et demie par semaine	7 1/2	»
Géométrie appliquée. (Suite.)	4	4
Exercices d'arpentage. Deux après-midi par semaine.		
	16 1/2	10

Comme complément au cours de machines, on fait visiter aux élèves, à différentes reprises, les machines et les ateliers du voisinage. Ils font de même, pour compléter le cours de géologie, des courses géologiques aux environs de Schemnitz, et une grande excursion dans des pays plus éloignés.

Les cours spéciaux, qui occupent les deux dernières années du séjour à l'École, sont divisés de la manière suivante :

PREMIÈRE ANNÉE.

	Nombre d'heures de cours	Nombre d'heures d'exercices (par semaine).
Exploitation des mines. (Gîtes; travaux au rocher; travaux de percement, galeries, puits, sondages; boisages, garnissages, muraillements; exploitation proprement dite; exploitation du sel; aérage; extraction; incendies souterrains.)......	5	»
Machines de mines. (Extraction; épuisement; installations des puits.)......	2	6
Construction. (Constructions civiles; constructions de routes; constructions hydrauliques; projets.) Exercices de dessin, croquis et projets d'architecture......	3	4
Travaux d'analyse chimique au laboratoire. Analyses quantitatives. — Les après-midi libres.	»	»
Administration et législation des mines et des usines. (Comptabilité. Droit administratif. Droit général; contrats, servitudes. Droit commercial. Législation des mines.) Principes de la science forestière......	5	»
	15	10

Au commencement de cette première année, les élèves visitent les mines des environs, pour prendre un aperçu général de l'exploitation et de l'aménagement des mines. A la fin de l'année, ils visitent de nouveau les mines, et vont voir en outre des mines de charbon.

De même, au commencement de la seconde année, ils parcourent les usines métallurgiques voisines de Schemnitz; les cours de cette seconde année sont les suivants :

SECONDE ANNÉE.

	Nombre d'heures de cours	Nombre d'heures d'exercices (par semaine).
Exploitation des mines. (Topographie souterraine; plans de mines. Recherches de mines. Préparation mécanique. Gestion des mines. Statistique.)......	5	2
Métallurgie. (Métallurgie générale, minerais, fourneaux, combustibles, etc. Métallurgie spéciale, mercure, zinc, arsenic, antimoine, bismuth, cobalt, nickel, étain; fer, plomb, cuivre, argent, or. Gestion des usines. Statistique.) Cinq leçons d'une heure et demie par semaine......	7 1/2	»
Machines d'usines. (Machines soufflantes, ventilateurs; marteaux de forges, laminoirs, cisailles; machines à frapper les monnaies.)......	2	6
Croquis et projets d'usines......	»	2
Art des essais, avec exercices pratiques un jour par semaine.	2	»
	16 1/2	10

A la fin de l'année, les élèves font de nouveau une série de visites dans des usines.

Les heures des leçons, pour les deux années de cours spéciaux, sont disposées de telle manière qu'un élève puisse, en une seule année, suivre toutes les leçons sur l'art des mines, ou toutes les leçons sur la métallurgie et les usines.

Les deux cours d'exploitation des mines et de métallurgie se terminent l'un et l'autre par quelques données statistiques sur les principales mines et les principales usines de l'Europe en général, et de l'empire austro-hongrois en particulier.

Les courses d'instruction sont, comme on l'a vu, de deux sortes : au commencement de l'année, pendant le premier mois, on met les élèves à même de jeter un coup d'œil général sur les objets qui doivent être traités dans le cours ; puis à la fin, dans le dernier mois de l'année, on leur fait revoir la mise en pratique, et cette fois en détail, de tout ce qu'ils viennent d'étudier. Ces visites de mines et d'usines se font sous la conduite du professeur d'exploitation, pour les unes, et du professeur de métallurgie, pour les autres.

Nous avons indiqué, en donnant la liste des différents cours, le nombre d'heures consacré chaque semaine aux leçons d'une part, et aux exercices pratiques d'autre part ; les matinées sont consacrées aux leçons à raison de trois heures environ chaque jour, et les après-midi aux exercices de dessin et autres. Outre les cours réguliers que nous avons mentionnés, différents professeurs font des leçons facultatives, parmi lesquelles nous citerons les suivantes :

Mathématiques supérieures, plus développées et appliquées à quelques problèmes de mécanique pratique.

Théorie et emploi de la règle à calcul.

Chimie analytique, plus développée.

Cristallographie.

Coup d'œil général sur la constitution géologique de l'Europe, et plus particulièrement de l'Autriche et de la Hongrie.

Législation des mines.

Principes d'économie politique, etc.

Les cours de l'Académie des forêts sont faits par un *Forstrath*, professeur titulaire, un *Forstmeister*, professeur suppléant, et trois adjoints qui ont le titre de *Revierförster* (*). La durée des études est de trois ans, et les cours spéciaux commencent dès la première année. Ces cours sont répartis d'après le tableau suivant :

(*) C'étaient en 1871 :

MM. *C. Wagner*.	Forstrath.
J. Lázár.	Forstmeister.
L. Fekete.	Revierförster.
F. Illés.	
S. Nikl	

14

PREMIÈRE ANNÉE.

PREMIER SEMESTRE.	Nombre d'heures de cours (par semaine).	d'exercices (par semaine).
Mathématiques élémentaires et supérieures..	10	4
Géométrie descriptive.	5	6
Vénerie. (Une course d'instruction par semaine.).	2	»
	17	10
SECOND SEMESTRE.		
Physique; chimie organique et inorganique.	10	
Anatomie et physiologie botaniques. *Botanique forestière*. (Une course par semaine.).	4	2
Entomologie forestière.	2	»
Dessin à main levée.	»	4
	16	10

DEUXIÈME ANNÉE.

PREMIER SEMESTRE.		
Sylviculture. . . . . } Deux jours d'exercices en forêt par semaine.	6	»
Exploitation des forêts. } (Deux jours d'exercices en forêt par semaine.)	3	»
Étude des sols et climatologie.	3	2
Économie politique.	4	»
Géodésie.	2	»
Dessin topographique.	»	4
	18	6
SECOND SEMESTRE.		
Machines. *Machines forestières*. *Instruments forestiers*. Cinq leçons d'une heure et demie.	7 1/2	4
Cubage des bois. (Un jour d'exercice en forêt par semaine.). .	2	»
Technologie forestière.	2	»
Géodésie. (Deux jours d'exercices au dehors par semaine). . .	4	»
Dessin de machines forestières.	»	4
	15 1/2	8

TROISIÈME ANNÉE.

PREMIER SEMESTRE.		
Surveillance et police des forêts. *Législation forestière*.	2	»
Constructions forestières.	3	2
Estimation du revenu des forêts et réalisation de ce revenu.	5	4
Organisation de l'administration des forêts.	3	2
Organisation du service forestier.	2	»
Culture des arbres fruitiers. (Un jour d'exercice au dehors par semaine.).	1	»
Dessin de constructions.	»	4
	16	12

SECOND SEMESTRE.

	Nombre d'heures de cours (par semaine).	Nombre d'heures d'exercices (par semaine).
Estimation de la valeur des forêts	2	2
Construction de routes. Constructions hydrauliques. (Deux jours d'exercices au dehors par semaine.)	3	»
Science des affaires	3	»
Comptabilité	3	2
Principes d'agronomie. (Deux jours d'exercices au dehors par semaine.)	3	»
Histoire de la littérature forestière	2	»
Construction de routes et constructions hydrauliques : Exercices de dessin	»	4
	16	8

Le cours de mathématiques et celui de géométrie sont suivis par les élèves réunis des mines et des forêts; les cours de chimie, de physique et de mécanique sont séparés, mais ils sont faits par les mêmes professeurs. Les courses d'instruction se font, comme pour les mines, au commencement et à la fin de l'année; la première dure une ou deux semaines et ne comprend que les forêts des environs de Schemnitz ; la seconde est d'au moins quinze jours, ce qui permet d'aller visiter des districts forestiers plus éloignés.

L'Académie renferme diverses collections pour servir à l'instruction pratique des élèves; nous citerons une riche collection de produits métallurgiques, une collection de minéralogie et de géologie, de beaux herbiers forestiers, des sections de bois de M. Nördlinger comprenant quatre cents espèces, des collections de bois, de graines, etc.

Jusqu'en 1868, les cours de l'Académie des mines se sont faits en allemand; mais une décision du ministère des finances, du 11 juillet 1868, a prescrit l'emploi de la langue hongroise ; dès l'année scolaire 1868-69, les cours se sont faits dans cette langue pour la première année d'études, et d'année en année successivement, on a étendu aux années suivantes l'usage du hongrois, qui se trouve ainsi employé seul depuis 1871. Pour l'Académie des forêts, cette transformation s'est faite plus tôt, et tous les cours s'y font en hongrois depuis le mois d'octobre 1867.

Les élèves de l'Académie sont divisés en trois catégories : élèves réguliers (*ordentliche Zöglinge*), élèves non réguliers (*ausserordentliche Zöglinge*) et élèves libres (*Gäste*). Les élèves réguliers sont ceux qui suivent tous les cours de l'Académie, dans l'ordre établi par le programme ; les élèves non réguliers sont ceux qui ne suivent qu'un certain nombre de ces cours. Les uns et les autres doivent, pour être admis au cours préparatoire, avoir suivi complétement un collége (*Obergymnasium*) ou une école technique (*Oberrealschule*), et présenter des certificats d'études; les élèves non réguliers peuvent être dispensés de la production de ce certificat à condition de faire constater, dans un examen d'admission, qu'ils possèdent les connaissances nécessaires. Pour être admis aux cours spéciaux, il faut avoir suivi les cours préparatoires et passé avec succès les examens relatifs à ces cours, ou présenter des certificats d'examens établissant qu'on a acquis dans une école technique supérieure (*höhere technische Lehranstalt*) les connaissances correspondantes. Quant aux élèves non réguliers, ils doivent soumettre à la direction de l'École la liste des cours qu'ils se proposent de suivre, et justifier des connaissances nécessaires à l'intelligence de ces cours. Les élèves réguliers reçoivent un diplôme à leur sortie de l'École, et peuvent entrer au service de l'État; les élèves non réguliers n'ont droit qu'à des certificats d'examens.

Les élèves libres sont ceux qui désirent suivre un ou plusieurs cours, pour leur instruction personnelle; ils ne sont pas inscrits sur les listes de l'École et ne passent d'examens à la fin des cours qu'autant qu'ils le demandent.

Enfin, l'Académie de Schemnitz reçoit aussi des élèves étrangers, dans les mêmes conditions que les nationaux.

Les demandes d'admission doivent parvenir à la direction de l'École avant le 6 octobre de chaque année au plus tard; les élèves nouvellement admis doivent acquitter un droit d'entrée de 5 florins (12f,50); ceux qui ont à subir un examen d'entrée payent, en outre, pour cet examen, une somme de 20 florins (50 francs). Les élèves libres, quand ils veulent être interrogés sur un cours qu'ils ont suivi, ont à payer la même somme, dont la moitié est attribuée à l'examinateur, et un quart à chacun des deux assistants. Les exercices et excursions pratiques sont obligatoires aussi bien pour les élèves non réguliers que pour les élèves réguliers; les frais de ces exercices, en tant du moins qu'ils peuvent être considérés comme des dépenses personnelles, sont à la charge des élèves.

Il y a à l'École un certain nombre de bourses (*Stipendien*) d'une valeur de 300 florins (750 francs) par an : vingt pour les élèves des mines, quatre pour les élèves qui se destinent à la tenue des livres de mines, huit pour les élèves des forêts et deux pour ceux qui se destinent à la tenue des livres de l'administration des forêts. Ces bourses sont données aux élèves réguliers sans fortune, qui se distinguent par leurs progrès dans les études, leur zèle et leur bonne conduite. Ces élèves en touchent le montant le 15 de chaque mois à la caisse de l'Académie.

Pendant la durée des cours, les professeurs interrogent les élèves pour s'assurer que leurs leçons ont été bien comprises. A la fin de chaque année d'études, ou au milieu de l'année pour les cours qui ne durent qu'un semestre, les élèves subissent des examens généraux dont l'ordre et l'époque sont fixés par le conseil de l'École. Ceux qui, pour cause de maladie ou pour des raisons sérieuses, n'ont pu passer ces examens à l'époque voulue, sont autorisés à les passer au commencement de l'année suivante, avant l'ouverture des cours.

Chacun des cours principaux donne lieu à un classement particulier, pour lequel on tient compte des résultats des interrogations faites pendant l'année ; les notes qui servent de bases à ces classements sont au nombre de cinq : *très-bien*, *bien*, *satisfaisant*, *insuffisant*, *mal*. Les élèves sont en outre classés d'après le degré d'assiduité dont ils ont fait preuve, ainsi que d'après leur conduite.

Les élèves qui ont eu à un de leurs examens la note *insuffisant* sont autorisés à repasser cet examen à l'ouverture de l'année suivante, à moins qu'ils n'aient eu en même temps la mention *peu assidu*, auquel cas ils doivent recommencer l'année tout entière ; il en est de même pour ceux qui ont eu la note *mal*. Mais ils sont alors dispensés de suivre les cours sur lesquels ils ont répondu d'une manière satisfaisante. La mention *peu assidu*, quand elle porte sur les exercices pratiques, force également l'élève à recommencer l'année.

Si un élève a eu pour plusieurs des cours la note *insuffisant*, en même temps qu'il est porté comme *peu assidu* aux cours ou aux exercices pratiques, il est exclu de l'Académie. La mention *conduite mauvaise* entraîne également l'exclusion. Enfin les élèves qui, après avoir recommencé une année, ont de nouveau la note *insuffisant* ou *mal*, doivent quitter l'Académie.

Les élèves réguliers ont seuls droit à un diplôme, mais s'ils quittent l'Académie avant d'avoir complétement fini, ou s'ils ne réparent pas la note *mal* ou *insuffisant* obtenue à un examen général, ils ne reçoivent qu'un certificat d'études, comme les élèves non réguliers. Les élèves libres, s'ils passent des examens, ont droit à des certificats d'examen.

Les élèves qui désirent entrer au service de l'État doivent adresser leurs demandes, aussitôt après la clôture des examens, à la direction de l'École; ils indiquent dans ces demandes à quelle branche de l'exploitation des mines ou de la métallurgie ils veulent se consacrer. La direction joint à ces demandes une appréciation générale sur les notes de l'élève, et transmet le tout au ministère des finances, qui statue définitivement.

Les dépenses de l'Académie des mines et des forêts sont payées par le ministère des finances; en 1867, elles se sont élevées à 76.898 francs, répartis comme suit :

	francs.
Appointements et honoraires des professeurs et de leurs adjoints	44.105
Appointements des employés et des garçons	6.330
Rémunérations et secours extraordinaires	1.000
Frais de voyages pour les courses d'instruction	3.750
Loyers de locaux pour l'École	1.920
Réparations et entretien des bâtiments	4.000
Frais de chauffage, d'éclairage, de bureau, etc.	5.793
Entretien des collections, laboratoires, etc.	10.000
	76.898

La dernière somme se divise en :

Achat de minéraux et échantillons pour les collections de minéralogie et géologie	750
Laboratoire de chimie	3.750
Bibliothèque	1.575
Autres services de l'École, comprenant l'école de dessin	3.925
	10.000

Les dépenses, y compris les frais de bourses, se sont élevées, en 1869, à. 150.000 francs,
et en 1870, à. 174.500 »

(*Extrait par* M. ZEILLER, *ingénieur des mines, de l'ouvrage de* M. G. FALLER, *intitulé :* Gedenkbuch zur hundertjährigen Gründung der k. u. Berg- und Forst-Akademie. *Schemnitz*, 1871.)

Extrait des *Annales des mines*, tome III, 1873.

1945 — Paris. — Imprimerie Arnous de Rivière et Cᵉ, rue Racine, 26.

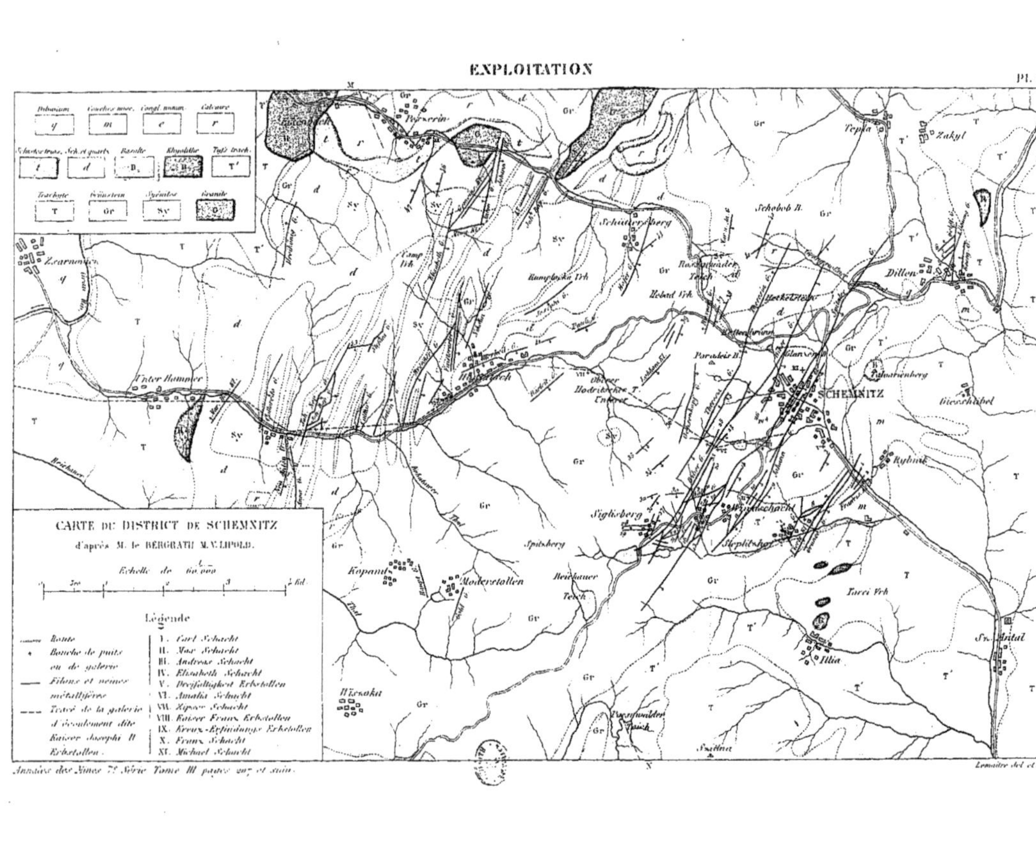

Annales des Mines 7e Série Tome III pages 207 et suiv.

Lemaître del. et sc.

EXPLOITATION

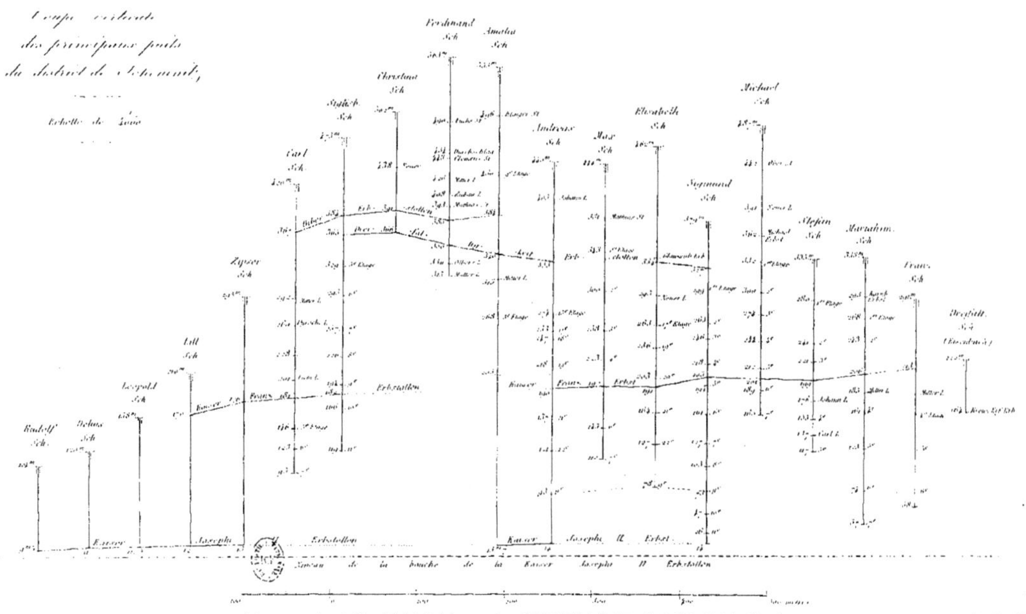

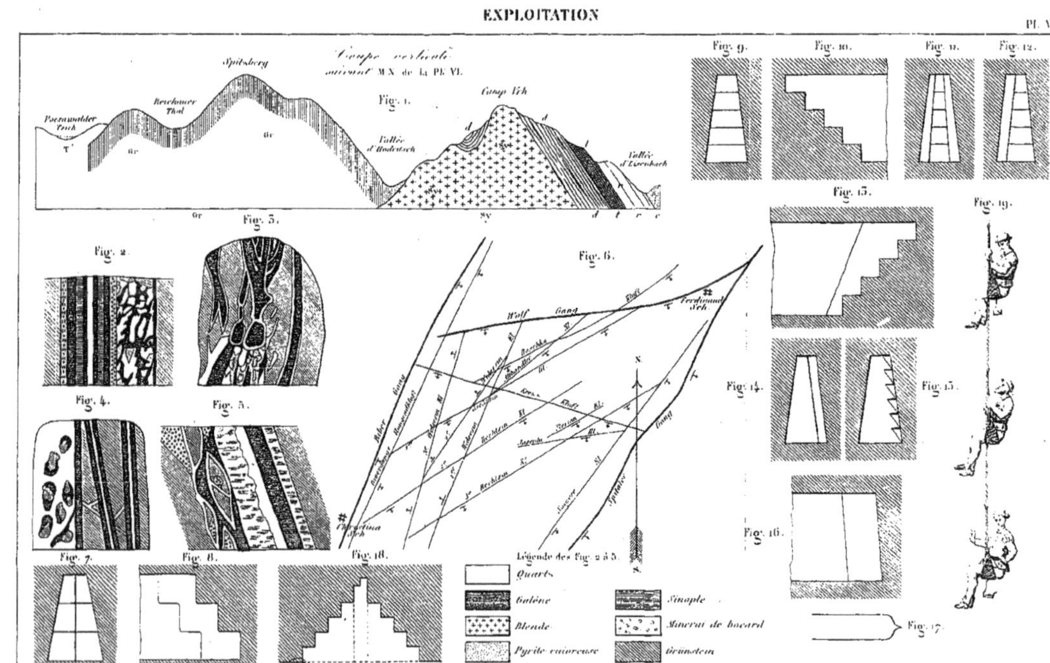

Lemaître del. et sc.

ON TROUVE A LA MÊME LIBRAIRIE:

GÉOLOGIE. **Cours élémentaire et pratique de géologie**, par M. Stanislas Meunier, docteur ès sciences, aide-naturaliste au Muséum.
Prix : 8 fr.

— **Revue de géologie**, par M. Delesse, ingénieur des mines, professeur de géologie à l'École normale, président de la Société géologique, et M. Laugel, ingénieur des mines, vice-secrétaire de la Société géologique. Tomes I, II, III. 15 fr.

— **Revue de Géologie**, par MM. Delesse et de Lapparent, tomes IV, V, VI, VII et VIII. 25 fr.

— **Lithologie du fond des mers**, par M. Delesse; 2 vol. avec un atlas de cartes. 35 fr.

— **Carte géologique du département de la Haute-Marne**: par M. Duhamel, ingénieur en chef des mines, publiée par MM. Elie de Beaumont et de Chancourtois, professeurs de géologie à l'École des mines, en 4 feuilles. 60 fr.

— **Études stratigraphiques sur le département de la Haute-Marne**; faites par MM. Elie de Beaumont et de Chancourtois pendant la publication de la carte géologique de M. Duhamel. 5 fr.

—**Carte géologique du département de la Nièvre**; dressée par MM. Bertera, ingénieur des mines, et Ébray, membre de la Société géologique. 15 fr.

—**Tableaux géologiques des terrains** indiquant leurs divisions et subdivisions, les principaux fossiles qui s'y rapportent et les minerais utiles exploités ou reconnus dans chacun d'eux; par M. Dupont (Étienne), ingénieur en chef des mines, directeur de l'École des mineurs de Saint-Etienne. In-folio. 5 fr.

Substances minérales combustibles. Minerais métalliques, minéraux utiles à l'industrie par M. Daubrée, inspecteur général des mines. In-8°. 5 fr.

Description des roches de l'écorce terrestre, par MM. Cordier et d'Orbigny. In-8°. 10 fr.

—**Description minéralogique et géologique** du Var et des autres parties de la Provence, avec application de la géologie à l'agriculture, au gisement des sources et des cours d'eau; par M. Villeneuve Flayosc (le comte H. de), ingénieur en chef, professeur à l'École des mines, etc. 1 fort vol. in-8°, accompagné de 2 pl. coloriées, dont une carte géologique et hydrographique et une feuille de coupe de terrains. 15 fr.

— **La Seine**. Études hydrologiques du bassin de la Seine. Applications à l'art de l'ingénieur et à l'agriculture; par M. Belgrand, inspecteur général des ponts et chaussées. Grand in-8° avec 2 cartes et 81 planches. Prix : 40 fr.

MINÉRALOGIE. **Traité complet de minéralogie**; par M. Dufrénoy, membre de l'Institut, inspecteur général des mines, professeur de minéralogie aux Écoles des ponts et chaussées et des mines, etc. 2e édition, revue et beaucoup augmentée. 5 forts volumes, in-8, dont un de pl., avec un grand nombre de figures et planches intercalées dans le texte. — Très-rare.

— **Manuel de minéralogie**; par M. Des Cloizeaux, maître de conférences à l'École normale supérieure. 2 vol. in-8° et atlas. Le tome I seul a paru avec son atlas. 20 fr.
Le 1er fascicule du tome II paraîtra prochainement.

EXPLOITATION DES MINES. Revue de l'exploitation des mines, I. 1861; par M. Callon, ingénieur en chef, professeur à l'École des mines. In-8°. 2 fr.

— **Revue de l'exploitation des mines**, II, 1862; par le même. In-8°. 1 fr.

— **Extraction**, puits inclinés et coudés employés dans les mines du Cornwall; par M. Moissenet, ingénieur des mines. In-8°, planch. 5 fr.

—**Préparation mécanique du minerai d'étain**, dans le Cornwall; par le même. In-8°, pl. 5 fr.

— **Traitement du sel** dans le Salzkammergut; par M. Keller, ingénieur des mines. In-8°, pl. 5 fr.

— **Géométrie souterraine**, par Sarran, garde-mines. In-8° et atlas. 9 fr.

— **Table des sinus** pour le levé des plans souterrains; par le même. Grand in-8, relié. 6 fr.

USINES. Législation appliquée aux établissements industriels; par M. A. Bourguignat, ancien avocat au conseil d'État. 2 vol. in-8° 15 fr.

1947. Paris. — Imprimerie Arnous de Rivière et Cie, rue Racine, 26.

www.ingramcontent.com/pod-product-compliance
Ingram Content Group UK Ltd.
Pitfield, Milton Keynes, MK11 3LW, UK
UKHW020322230726
13925UKWH00002B/572

9 782013 537087